致每一个热爱设计的你

超越 STUDIO
SUPER 设计课

解码 形式语言

Decode the
Formal Beauty

图解
建筑
造型
的
秘密

聂克谋 著

机械工业出版社
CHINA MACHINE PRESS

本书以清晰明了的学习线索串联丰富的案例图解，使读者能够轻松跟随本书结构，沉浸式系统学习建筑设计形式语言。

本书是作者结合自己多年研究与实践经验，对建筑学中经典建筑形式语言的"解构"与"重构"。本书分为形式基本元素与性质、形式组织的基本原则、形式与空间的辩证关系三个主要部分，带读者从设计词汇、语法、应用三个层面逐步走进形式语言的语境，开始建立抽象理解世界的思维，从此在设计中开始把握"美"的规则，不再受限于捉摸不透的"感觉"；注重想法的形式转译，用可度量的形式表达不可度量的意义；建立设计"大局观"，整体把控设计而不是只关注细节。

本书可作为建筑专业及相关设计专业学生、从业者系统了解与学习建筑设计形式语言的学习用书，也可作为其他领域人士了解建筑学的入门书籍。

图书在版编目（CIP）数据

解码形式语言：图解建筑造型的秘密/聂克谋著.—北京：机械工业出版社，2023.2
（超越设计课）
ISBN 978-7-111-72603-6

Ⅰ.①解… Ⅱ.①聂… Ⅲ.①建筑设计–造型设计–图解 Ⅳ.①TU2-64

中国国家版本馆CIP数据核字（2023）第024073号

机械工业出版社（北京市百万庄大街22号　邮政编码100037）
策划编辑：时　颂　　　　　责任编辑：时　颂
责任校对：贾海霞　王　延
责任印制：张　博
北京华联印刷有限公司印刷
2023年5月第1版第1次印刷
148mm×210mm·5印张·1插页·140千字
标准书号：ISBN 978-7-111-72603-6
定价：49.00元

电话服务　　　　　　　　　网络服务
客服电话：010-88361066　　机　工　官　网：www.cmpbook.com
　　　　　010-88379833　　机　工　官　博：weibo.com/cmp1952
　　　　　010-68326294　　金　书　网：www.golden-book.com
封底无防伪标均为盗版　机工教育服务网：www.cmpedu.com

序

形式是建筑设计的最终载体。建筑设计师对于建筑的功能、材料、结构，乃至于对其社会性、经济性、文化性的思考最终都要通过形式来表达。只有系统学习并掌握建筑形式语言才能建立抽象理解世界的视角，从而将自己抽象的设计构想具象化。

熟练掌握形式语言是每一个建筑师的必修课。然而由于当今建筑院校流行的教学体系多类似师徒制，此种教学体系的优点在于导师通过言传身教与个性化指导，潜移默化地影响学生；但有时也导致学生只能通过一次次评图感受形式语言的片段，缺少了系统科学学习形式语言的机会。

本书基于作者多年对形式语言的研究，以语言学习逻辑为线索，从**基本词汇（形式的基本元素），到语法（形式美法则），最后到应用（形式与空间）**，层层递进、理性系统地讲解建筑形式语言，希望能帮助读者建立一套"有序"的设计方法与抽象理解世界的视角。

第一代经典建筑形式语言教材很好地将建筑形式语言的内容"字典式"全面科学地呈现在读者面前，也为作者的研究和本书的出版提供了坚实的理论基础。然而学习一门语言，很难仅仅通过"查询字典"达到对整个语言体系的了解，本书将结合实战经验，站在一个更宏观的视角，**从形式语言的架构开始，有层级地串联均质的形式语言知识。**

本书也将通过各个时代经典大师案例的图示与生动的文字解说，配合贴近每个人日常学习经验的类比让读者直观地进入形式语言学习的语境。形式语言思维本质是一种抽象图形思维，**"强文字，强图解"**的表达方式，将更利于本身抽象图形思维没有建立起来的读者用他们熟悉的**"文字语言思维"**来学习新的**"形式语言思维"**。

形式语言是庞大而深奥的知识体系，建筑师需要在实践与研究中不断加深对其的理解，希望本书能作为读者学习这门新语言的一个起点，建立起对形式语言理解的框架，以后能够在其中不断加入自己的理解。

目录

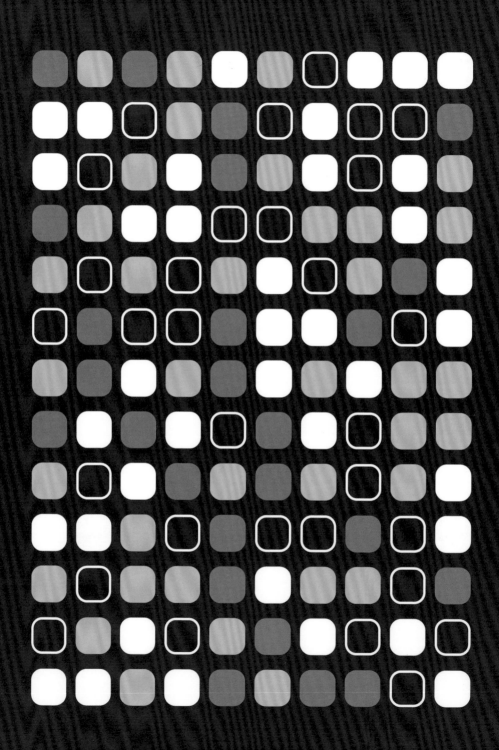

01

概述

"一座伟大的建筑必须从不可度量的起点开始，在设计时必须透过可度量的方法，而最后必定成为不可度量的。"⊖——路易斯·康

⊖ 出自 [美] 约翰·罗贝尔的《静谧与光明：路易斯·康的建筑精神》。——编者注

第1节　理解设计

对于建筑设计，每一个人可能都有自己不同的理解。但在探讨形式语言对于设计的意义之前，我们应当先探讨什么是设计，并对其定义形成一个基本的共识。在这里我想借用建筑大师路易斯·康对建筑设计的理解来开启这个话题。他认为"一座伟大的建筑必须从**不可度量的起点开始**，在设计时必须透过**可度量的方法**，而最后必定成为**不可度量的**。"

首先，我们通过一个贴近日常的工业设计案例来理解一下这句话。**图1-1**中左侧是当年被史蒂夫·乔布斯称作"这个星球上最薄的智能手机"的iphone4。因简约轻薄的设计，发行后，其热度便赶超了同期流行的Nokia5800，一时风靡全球。如**图1-2**所示，iphone4通过将天线设计在了手机的外侧包框，从而在减少了手机厚度的同时也带来了精致的金属边框设计，并把"天线"衔接位置也设计成了勾边造型，很好地达成了形式与功能的统一。联系路易斯·康的话，即iphone4从**"简约、科技感"**这样不可度量的起点开始，通过上述**可度量的设计手法**，最终传达了其广告语中**"再一次，改变一切"**的理念，一个不可度量的终点。

图1-1　手机对比图（左：iphone 4，APPLE　右：Nokia 5800，NOKIA）

图1-2 iphone4 天线设计示意图

当我们回归到设计本身来理解这句话，"不可度量的起点"指的就是我们的设计概念或主题，"可度量的方法"则指的是基本功能与形式元素的组织，"不可度量的终点"则对应着最终不仅满足功能，而且形式美观甚至能引发人们遐想的产品。而建筑设计，和所有其他设计的内核一样，是为了实现某个**抽象的设计概念或主题**，将**基本的功能与形式元素**通过一定的**组织原则**结合，最终得到**形式与内容兼备，且同时传递理念与精神的产品**。只有通过形式，设计的所有巧思才被物化呈现，从而区别于纯文字创作。

第2节 学习形式语言的意义

一、形式语言在设计中的意义

理解了什么是设计，我们就理解了**形式是设计的最终载体**。其统合了功能、材料、结构、社会性、经济性、文化性，使得设计得以呈现，是设计理念传递的媒介。能否良好运用形式语言的能力，将很大程度地影响个体的设计水平和设计作品的最终表现。拥有这种能力意味着我们拥有**抽象图形思维**，进而能够在整体和局部的设计中，不论是从宏观还是微观，都能将具体而复杂的问题，最终转化为抽象的几何问题进行综合处理与思考。

　　为了方便大家能直观地体会**抽象思维**的重要性，我将通过一个大家都经历过的抽象思维运用的案例——**解方程**——来为大家讲解。在我们学习解方程之前，很多问题我们都需要靠复杂的逆向思维来解答。如**图1-3**所示中经典的"鸡兔同笼"问题，经典思维中我们需要用大量的假设法，进行费力的逆向思考才能得到答案，但方程式中用 x、y、z 等代数去描述变量，为我们提供了一种正向思考问题的可能。用方程思维来解决问题与我们设计中运用抽象图形思维的本质是一样的，都是通过抽象的方法，创造简化模型，找出问题的本质再去解决问题的思维。建立一个**抽象理解世界的视角，熟练掌握形式语言**，是设计师解决复杂设计问题的基石。

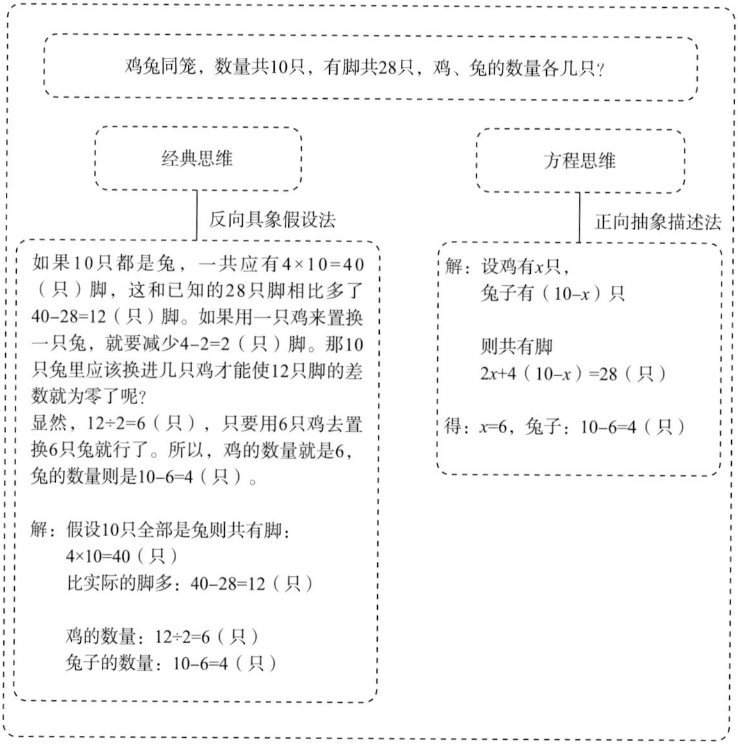

鸡兔同笼，数量共10只，有脚共28只，鸡、兔的数量各几只？

经典思维　　　　　　　　　　　　　方程思维

反向具象假设法　　　　　　　　　　正向抽象描述法

如果10只都是兔，一共应有 $4×10=40$（只）脚，这和已知的28只脚相比多了 $40-28=12$（只）脚。如果用一只鸡来置换一只兔，就要减少 $4-2=2$（只）脚。那10只兔里应该换进几只鸡才能使12只脚的差数就为零了呢？
显然，$12÷2=6$（只），只要用6只鸡去置换6只兔就行了。所以，鸡的数量就是6，兔的数量则是 $10-6=4$（只）。

解：假设10只全部是兔则共有脚：
　　$4×10=40$（只）
　　比实际的脚多：$40-28=12$（只）

　　鸡的数量：$12÷2=6$（只）
　　兔子的数量：$10-6=4$（只）

解：设鸡有 x 只，
　　兔子有（$10-x$）只

　　则共有脚
　　$2x+4（10-x）=28$（只）

得：$x=6$，兔子：$10-6=4$（只）

图1-3　鸡兔同笼应用题解法对比图

二、形式语言与常见建筑设计困境

从很多具体的建筑**设计困境与形式语言的关联**中，我们也可以窥见掌握形式语言在设计中的重要性。举两个常见的例子，设计师在设计前期用语言描述概念时非常顺畅，常常描绘出"天花乱坠"般美妙畅想。然而却在拿起笔画图时，发现无法将想法最终落实到具体的设计中去。这个问题的根本原因，是由于设计师对形式语言的掌握与判断力不足，导致无法用恰当的形式去呈现设计概念。另一个常见的例子，就是体量阶段之后设计停滞不前，缺乏深化能力。表面上这是对构造细节的不熟悉，但实质是对既有的初步形式理解深度不到位，不知道如何自然地顺应既有形式做深化表达。

可见，形式语言影响着设计中几乎每一个阶段和步骤。但形式语言与抽象思维训练却常常在既有建筑教学体系中被忽略，使得大家在设计过程中无章法可循，容易被具体的细节牵绊，无法聚焦到一个抽象的界面上，以更高的视角解决问题。最终产生"设计只能'靠感觉'"的误解。实际上，优秀的设计作品都不是靠无意识的"神来之笔"产生的，而是遵循了**形式组织的基本原则，**对**基本形式**元素进行了恰当组织，最终形成一个**符合审美**的设计。

三、形式认知逻辑

想要做出符合"人脑"审美的设计作品，首先要了解人脑审美的逻辑。**先审美，才能创造美。**理解审美的逻辑即发现创造美的规律。当眼睛接收到来自外界的信息后，视觉认知帮助我们解释与定义看到的事物，其中就包括判断事物是否能够带来审美愉悦。

那么视知觉到底是如何运作的呢？本章的目的并不在于和同学们深入探讨视知觉认知的运行细节，而在于让同学们明白其背后的逻辑，从而明白形式语言与审美愉悦之间的关系。以"第一人称视角"理解自己的视知觉运作是相对复杂的，我们可以先从以"第三人称视角"来了解计算机的"图像识别逻辑"开始。如**图1-4**所示，我们可以看到计算两种储存图像的方式，点阵储存和矢量储存，也就是我们常听说的位图和矢量图。位图依赖于对每个像素点的识别，不但占用内存大，且会使图像失真。而矢量图节约内存且保持画面无损，可以无限放大。其原因是在存储图片的过程中，计算机将需要处理的抽象信息，**与原有"代码"建立连接**从而**节省内存**。如**图1-4b**所示的笑脸矢量图，计算机识别的不再是一个个像素点，而是一封闭圆形——两个点和一个圆弧。

与矢量储存类似，人类知觉也倾向于极度"简化"。许多"格式塔"心理学实验也曾表明这种"简化"倾向，即人们会在看见规则或者趋向于完美的形式时感到审美愉悦，而在看到不完美、不规则的图形时感到压迫。相应地，只有让设计的形式与人脑中已有的形式"代码"产生连接，才能增强设计的"**可读性**"，让观者有机会得到"成功解析复杂图形"的成就感，进而产生审美愉悦。这里的"代码"指的就是形式语言中的"语汇"和"语法"，即下文要讲的**形式基本要素与性质**和**形式组织基本原则**。而设计则是通过对上述可度量的"代码"的操作，达到"不可度量的"美。

a）点阵储存（位图）　b）矢量储存（矢量图）
1—像素点　2—圆　3—点　4—圆弧

图1-4　计算机图像识别逻辑示意图

章节阅读打卡

印象深刻的地方（感想）：

想要提问的问题：

02

词汇：形式基本元素与性质

"形式"（FORM）是一种外在于建筑师思想意识而客观存在的。建筑师的职责是发现这一形式，然后才是设计。○——路易斯·康

○出自 [美] 约翰·罗贝尔的《静谧与光明：路易斯·康的建筑精神》。——编者注

第1节　形式基本元素

一、点

（一）点的识别

本章将通过对元素基本性质的介绍，结合经典建筑案例解读，沉浸式体验如何用**点**、**线**、**面**等形式基本元素**抽象理解世界**。接下来我们就从"点"开始，学习：①建筑的世界中什么可以被理解为"点、线、面"；②"点、线、面"的性质以及其传达的信息。从而了解建筑师是如何用抽象的形式语言作为工具，来传达想要的视觉效果与解决设计问题。

在几何空间中，点是没有大小的，它仅代表空间中的一个位置。但在设计形式语言里，**点是相对的**，点事实上是一个**体**。"点是否为点"取决于以下两点：①点与背景面之间的大小关系；②点与平面上其他形体之间的大小关系。了解了视觉判断物体为点的"基本标准"，我们再从不同的实际案例中感受"点"在建筑世界中通常是以什么姿态出现的。

点可以作为**一个范围的中心**。点可以限定出自己控制范围内的"场域"。如**图2-1**所示，华盛顿林荫大道就存在明显的三个点，即中轴线上的国会大厦、方尖碑和林肯纪念堂。由于点的中心性，在周边环境不复杂的前提下，它们各自自然地限定出了周边从属于它们的领域并且成为领域的中心，如方尖碑成为协和广场的中心。正如前文所说，虽然它们本身都是一个庞大的建筑体量，但在整个林荫大道总图关系中它们则被理解为"点"。值得注意的是，三点的连线，又创造了一条轴线，这将在后文讲到"多点关系"时会被再次提起。

图2-1　林荫大道，华盛顿

[林荫大道，华盛顿]

Washington Boulevard

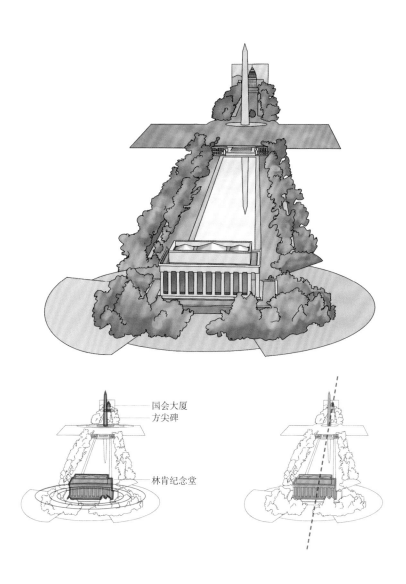

国会大厦
方尖碑

林肯纪念堂

　　点也可以作为**交界处的"亮点"**。如**图2-2**所示，骑马人的雕塑位于斯卡帕古堡博物馆新馆与旧馆之间一个核心的位置。在此处这个雕塑就被理解成一个具有"点睛之笔"的作用的"点"。其作为空间中的视觉焦点对整体设计起到了"提神"的作用。这种使用雕塑作为空间中"亮点"的设计手法通常被建筑师所使用。如**图2-3**所示，上海世博会丹麦馆中小美人鱼的雕像和如**图2-4**所示巴塞罗那世博会德国馆中的水池雕塑也同样起到了作为空间亮点的作用。通过这些案例，我们可以发现，在形式语言的世界中，这些雕塑具体的"样子"变得不那么重要，重要的是其在不同语境下作为空间中一个"点"的特质的呈现，为原本均质的空间增添了"提神"的亮点。

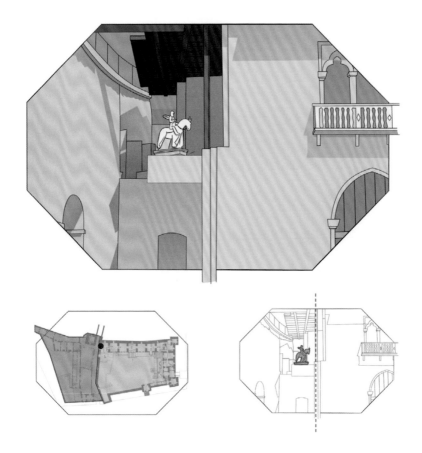

图2-2　斯卡帕古堡博物馆，卡罗·斯卡帕

上：图2-3　上海世博会丹麦馆，BIG

下：图2-4　巴塞罗那世博会德国馆（雕塑），密斯·凡·德·罗

[上海世博会丹麦馆]

Danish Pavilion of Expo 2010 Shanghai

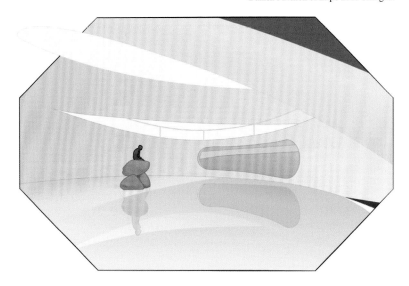

[巴塞罗那世博会德国馆]

German Pavilion of Barcelona World Expo

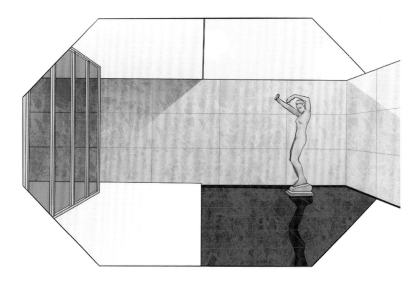

　　除上述两种相对独立的"点"外，在建筑设计中我们还常常看见一些被**背景衬托出来"点"**。如**图2-5**所示的案例中，我们可以观察到，在一个长方形的背景体量衬托下，凸出了三个体量。这里的三个体量，我们就可以理解成形式语言中的"点"。这三个"点"强调了不同的特色观景功能，同时也为原本的长条形体块增添了亮点与细节。

[飞机场（长城脚下的公社）]

Airport（Commune by the Great Wall）

图2-5　飞机场（长城脚下的公社），简学义

图2-6　卡诺瓦雕像博物馆『角点』，卡罗·斯卡帕

[卡诺瓦雕像博物馆]

Antonio Canova Museum

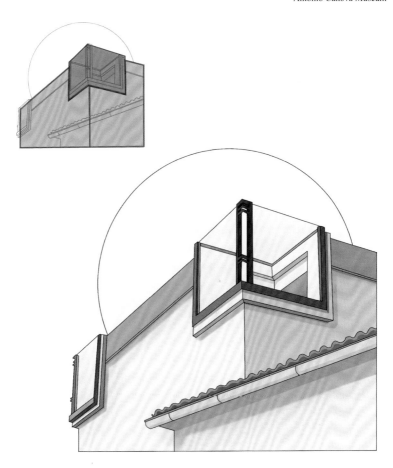

　　"点"也常常被作为面或体的"端点"来强调。在现实中，我们一般都是关注"体"的一个整体，很少会去单独关注体的端点。而如图2-6所示的卡诺瓦雕像博物馆的设计中，建筑师卡罗·斯卡帕玻璃角窗的设计，则打破了体的完整性，削弱了体作为整体的意义，反向强调出了"角点"作为体的端点的意义。

（二）点的特性

　　了解了点在建筑世界里常出现的形态，我们继续分析点的特性以及它传递出的视觉信息。点仅仅代表某个位置，没有运动轨迹的点是**静态的**。因此，点的存在常常传递出**"稳定""平静"**的信息。如**图2-7**所示，作为环境中的一个点，伊斯坦布尔苹果专卖店端庄地坐落在整个场所之中，以一种静态的"点"的状态，起到了**"镇场"**的作用。

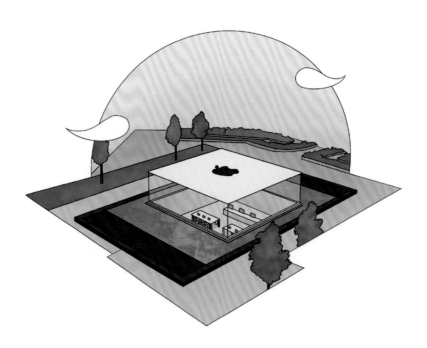

[伊斯坦布尔苹果专卖店]

Apple Store in Istanbul

图2-7　伊斯坦布尔苹果专卖店，福斯特建筑事务所

图2-8 MAXXI（罗马21世纪国家艺术）博物馆，扎哈·哈迪德

[罗马21世纪
国家艺术博物馆]

National Museum of XXI Century Arts

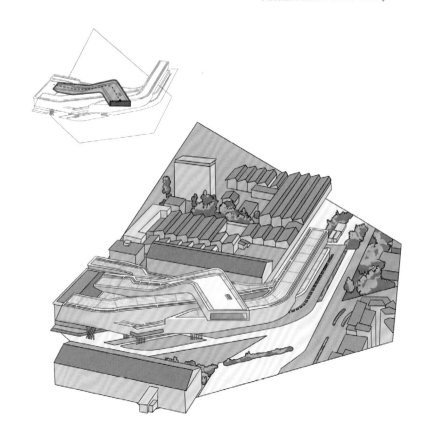

同样因为其**静态的**特性，点作为线的端点而存在的时候，传递出来的则是**"停顿"**的信息。如**图2-8**所示，扎哈·哈迪德设计的MAXXI博物馆中所有的体量均为流畅的线型。在众多相似的体量中，最上端的体量由于在末端做了玻璃开窗的处理而显得凸出。这一末端处理，在此处就是作为一个"线的端点"的存在，强调了线的停顿，进而强调了其所在的这条线的特殊性。

点还具有**中心性**的特征，当其作为几何中心时，可以传递出"**集中**"与"**放射**"的信息。如**图2-9**所示的，是大家非常熟悉的北京天坛。可以看见其中轴线上三个建筑物，作为几何中心点，都很好地起到了统摄周边环境的效果，定义出了场地中不同的祭祀空间。同时，设计师在场地设计中，也用同心圆等元素，不断强调这种集中性。

除"点"本身外，点与点之间的关系也是非常有趣的。首先，先从简单的**两点关系**开始。两点相连会形成向两端无限延长的**显性轴线**，同时也会界定与之垂直的两点之间的对称轴，一条无限延长的隐形轴线。如**图2-10**所示，**日本鸟居**的两根柱子作为"点"相连，形成了一条内海与外海的边界线。这条边界线连同周边的岛屿进一步限定了内海的领域。同时，也形成一条与边界线垂直的**隐性轴线**，岸边入口建筑群也采用了对称布局来强化这条隐性轴线。甚至在海域中，轴线上都形成了区分于其他海域的深色领域。

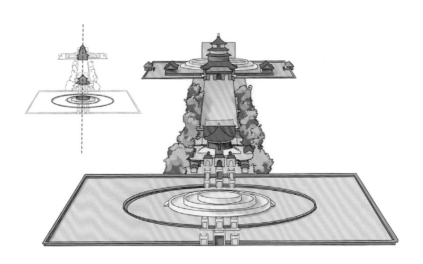

[天坛]

Temple of Heaven

图2-9　天坛，北京

[鸟居]

Torii

图2-10　鸟居，日本

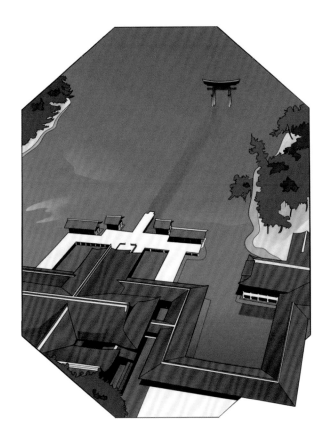

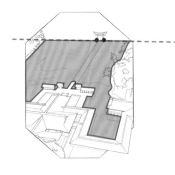

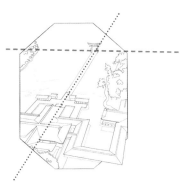

（三）多点关系

两点以上则产生**多点关系**。设计中，"多点"最常见的作用是作为**网格基底**而存在。就与日常中用到的网格笔记本类似，网格就像参考线一样存在于纸面上，辅助却不会干扰我们的书写。如勒·柯布西耶提出的"多米诺系统"（**图2-11a**）中，就用匀质的柱子代替承重墙作为建筑结构。在这些柱子所界定的秩序之下，无论把墙体做成任何形状最终都能呈现出一个整体的状态，即在保持视觉整体感的同时使得空间的自由划分成为可能。

我们再将同样的原理放到更大的尺度上来研究，在出自伯纳德·屈米之手的拉维莱特公园（**图2-11b**）中也运用了网格来控制设计的整体性。场地中匀质地布置了约50个作为"交汇点"存在的红色建筑小品，最终界定出了基底网格。这些非连续性的"点"建筑构成了整个场地的"点系统"并控制着整个设计的整体性。在此基础上加入的"线系统"（道路系统）与"面系统"（平面景观），即使"自由随机"也不影响整个设计的整体感和连续性。

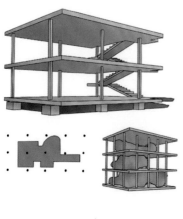

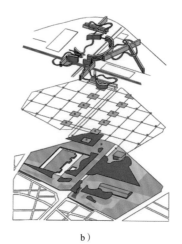

a）

b）

图2-11 多点关系
a）多米诺系统，勒·柯布西耶
b）拉维莱特公园，伯纳德·屈米

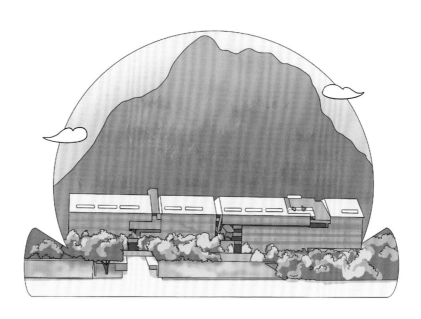

图2-12 阿丽拉阳朔糖舍酒店，直向建筑

[阿丽拉阳朔糖舍酒店]

Alila Yangshuo Hotel

二、线

（一）线的识别

点的运动轨迹形成了线。所以除点所携带的位置信息外，线还携带**长度**、**方向**等信息。与点相同，在设计形式语言里，线也是相对的，某种角度下它其实也是一个有厚度的"体"。在设计的任何尺度中，一个**在某一方向长度特别凸出**的对象就可以被识别为"线"。如**图2-12**所示的阿丽拉阳朔糖舍酒店的案例就符合某一方向长度凸出的特征，这个体量就可以识别为线。将其体量中部的局部做挖空处理，可以理解为线上的"点"，这些带有设计趣味的"点"打断了线体量，避免了单一线体量过于"冗长"而带来的单调乏味的感觉。

[芝加哥总督酒店]

Viceroy Chicago

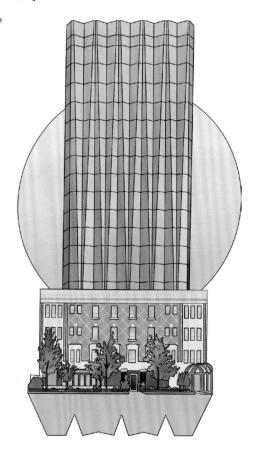

图2-13　芝加哥总督酒店塔楼立面，Goettsch Partners建筑事务所

　　线元素在设计中的用途非常广泛，除连接点外，它还可以表达面的转折，界定面与体的轮廓形状等。线元素常常作为造型元素在设计的不同层级被应用，除线性元素本身的形态、质地的变化外，其编排方式（间距、方向等）的差异，也会传递出不同的建筑外观与个性。同时也经常成为高层建筑设计中，外立面的最重要造型手法。例如常见的形体**转折处的棱线就可以识别为"线"**，如**图2-13**所示，芝加哥总督酒店塔楼立面是折叠的玻璃幕墙，幕墙形体转折处的线，清晰地强调了这种折叠，成为设计中最具辨识度的部分。

　　同样，**材料的交接处也可以被识别为"线"**，其常常影响着面的造型与尺度比例。福斯特建筑事务所设计的俄罗斯铜业公司总部大楼的立面（**图2-14**）中，铜板与玻璃的交接边缘，强调出了代表铜的晶格三角元素。成为立面最重要的几何构成特性。进一步，相同材料内部的拼缝编排也强化了原有的立面构成，加强了立面的节奏感与韵律感。

[俄罗斯铜工业公司总部]

Headquarters Building of RCC

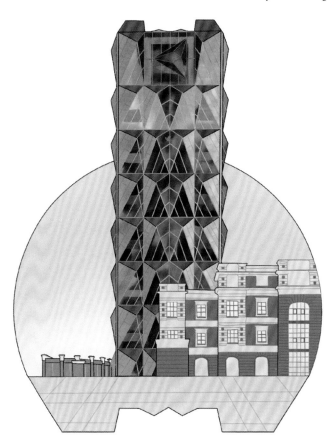

图2-14　俄罗斯铜业公司总部大楼立面，福斯特建筑事务所

　　面或体的轮廓也可以被识别为"线"，轮廓线界定了形体，任何一个形体的转折处，即轮廓处其实呈现的都是"线"的状态。轮廓线通常被用来描述平面形状或体量关系。著名建筑师勒·柯布西耶的经典作品萨伏伊别墅（**图2-15**），就通过对象轮廓线，立面开洞轮廓线，连同结构柱形成的线，描述出了整个建筑最大的特性——底层架空形成的轻盈悬浮体量。

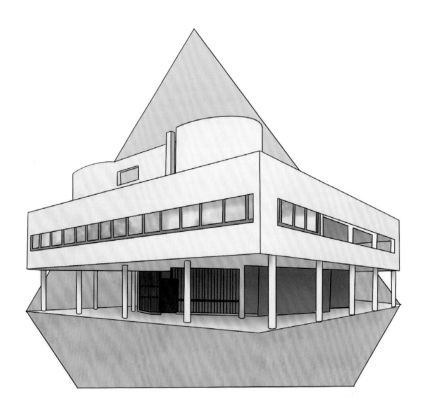

图2-15　萨伏伊别墅轮廓线，勒·柯布西耶

[萨伏伊别墅]

The Villa Savoye

图2-16　萨尔克生物研究所，路易斯·康

[萨尔克生物研究所]

Salk Institute for Biological Studies

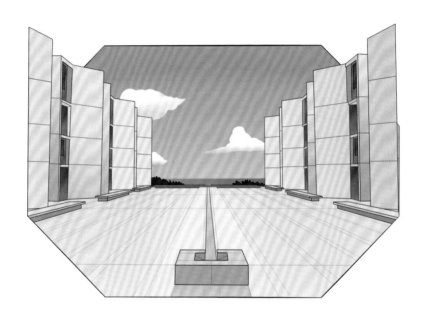

除上述"实线"外，还有**只存在于感知中的"线"**。比如有指向性的隐性轴线。路易斯·康的经典作品萨尔克生物研究所（**图2-16**）中，两侧对称体量中间自然地形成了一条隐形轴线，设计师为了强调这条轴线，将线性水渠也设计在了轴线上。隐性暗示的轴线与实际存在的水渠线共同指向了无垠的海面，表达出建筑的神圣感。

（二）线的特性

线的特性和其传达的信息非常丰富，其中线最大特性来自于它的**方向**属性所带来的**延伸感**。**水平线传递出稳定，竖线传递出上升感，而斜线则传递出活泼与不平衡的信息**。作为密斯·凡·德·罗心中"最神圣"的建筑，"当代的帕特农神庙"，柏林新国家美术馆（**图2-17**）中屋顶设计就通过后退的玻璃围合以及脱开的细钢柱，强化凸出了屋顶的连续水平线条，传递建筑的稳定感。

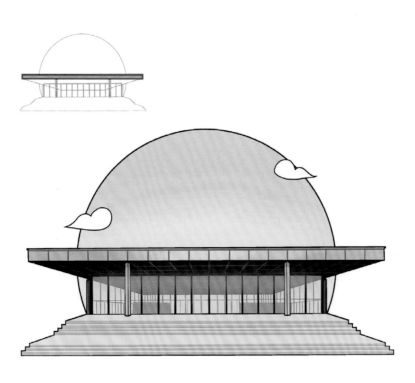

[柏林新国家美术馆]

New National Gallery in Berlin

图2-17　柏林新国家美术馆，密斯·凡·德·罗

图2-18 伊利诺伊理工学院克朗楼，密斯·凡·德·罗

[伊利诺伊理工学院克朗楼]

Crown Hall

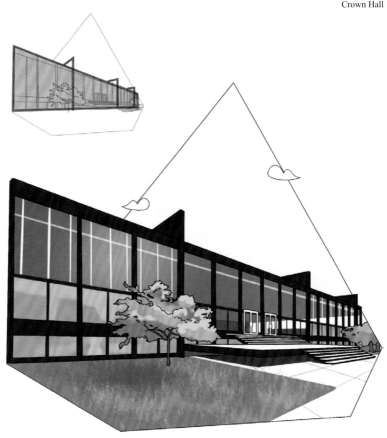

　　而同样出自密斯·凡·德·罗之手伊利诺伊理工学院克朗楼（**图2-18**），虽然也运用了水平线性元素，但门架结构在立面上产生的竖向线条打破了水平线的连续，从而打破了水平线所传递的稳定感，为立面设计增加了节奏感。通过密斯·凡·德·罗两个案例的对比，可以发现立面形式元素的微小差别也会给整个设计带来完全不一样的视觉感受。

　　如今城市高楼林立，用竖向线条传递上升感的方法是设计中非常常见的手法。迪拜哈利法塔（**图2-19**）作为世界高楼，其设计师最想强调的必定是建筑的上升感。那设计师是如何做到这一点的呢？除其本身高度外，最重要的是其通过大量的**竖向立面细分**，即将原本的"胖"体量切分为"瘦长"的竖筒，创造了大量的竖向线条，进一步强调建筑的竖向上升感。

[迪拜哈利法塔]

Burj Khalifa Tower

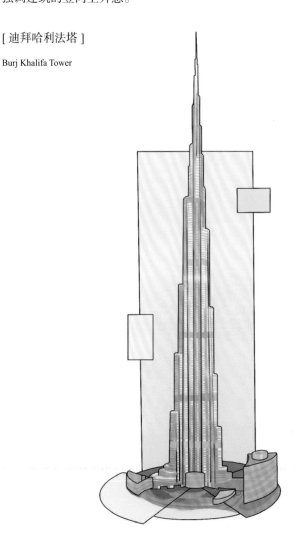

图2-19　迪拜哈利法塔，SOM建筑设计事务所

图2-20 香港理工大学赛马会创新楼，扎哈·哈迪德

[香港理工大学赛马会创新楼]

Jockey Club Innovation Tower

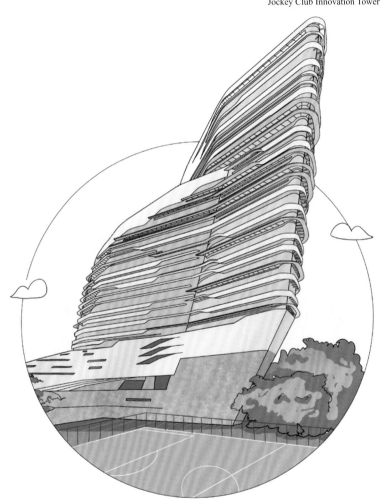

　　斜线则因偏离了正交方向往往更能传递动感。扎哈·哈迪德设计的香港理工大学赛马会创新楼（**图2-20**），就运用了使建筑形体略微倾斜的方法传递出仿佛人在骑马的动势，这也符合了理工学院敢于挑战的精神内核。

　　同样的，如**图2-21**所示出自汤姆·梅恩事务所之手的达拉斯佩洛特自然科学博物馆也特意在立面多次强调斜向线条。除在底部裙房运用了斜向的线条外，还特意将斜向的楼梯外挂。设计师用玻璃材质将楼梯与石材立面进行区分，使得楼梯成为立面上凸出的斜向线条，从而打破原有体量平淡的感觉，为建筑增加了活跃感。

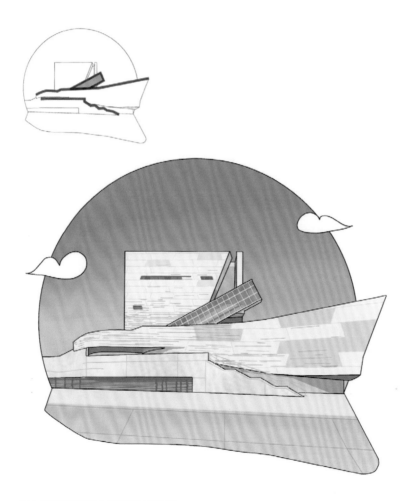

[达拉斯佩洛特自然科学博物馆]

Perot Museum of Nature and Science

图2-21　达拉斯佩洛特自然科学博物馆，汤姆·梅恩事务所

图2-22 空间转折关系对比

a）台中大都会歌剧院模型，伊东丰雄 b）一墙之宅，克里斯蒂安·克雷兹

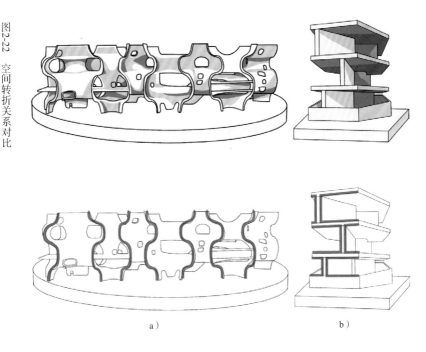

a）

b）

（三）曲线

除上述介绍的直线外，常见的还有**曲线**。从一方面说，曲线是由**直线受力而成**，如生活中常见的电线杆之间的"悬链线"就是受重力所致，所以曲线往往能反映出**力量感和动态感**。除此之外，曲线还能用来处理空间的转折过渡。可以对比**图2-22a**中伊东丰雄设计的台中大都会歌剧院与克里斯蒂安·克雷兹一墙之宅（**图2-22b**）的空间转折关系处理方式。显然，台中歌剧院中使用了**曲线空间过渡**的手法来模糊楼板与墙体的关系。曲线将楼板与墙体统合成一个形体使空间过渡柔和。而一墙之宅，如日常生活中许多常见的空间一样，空间中楼板与墙体的界限则非常清晰，所以空间的过渡就不会柔和，转折感明显。然而可惜的是，台中歌剧院最终建成时，其室内选择使用了醒目的红色地毯，整个空间过渡的连贯性也因此被打破了。

[阿布扎比表演艺术中心]

Abu Dhabi Performing Arts Centre

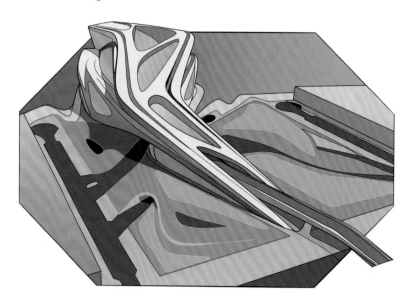

图2-23　阿布扎比表演艺术中心，扎哈·哈迪德

　　曲线还有一个值得注意的特点是**笔力强化**。就像书法中的收笔，笔力强化能有助于加强曲线的力量感。扎哈·哈迪德在设计阿布扎比表演艺术中心（**图2-23**）时为了营造向海面延伸的体量，将整个桥的设计都整合在曲线的语言中。为了更加强调这条曲线冲向海面的力量感，其也使用了笔力强化的手法，强调了曲线的末端，即放大了建筑临海一侧体量，来强化形体的冲击力。

三、面、面与体

（一）面与体的识别与区分

　　线的延伸、包围形成了面。在几何概念中"面"不存在深度，但在设计形式语言中面和"点""线"一样其实是具有真实厚度的实体。由于在形式语言中面与体的相似性，避免二者的混淆尤为重要。我们可以这样区分，在三维坐标轴中，**某两个方向尺寸特别凸出的对象**可以被识别为**面**；而三个方向都比较突出的则被识别为体。

　　"面"最常见于"体"的表面。**体由面围合而成，面是被消解的体**。当一个三维体量的各个面之间联系性强，对空间形成了连续的围合时，它们更容易会被当成一个完整的体来识别，而当一个三维形体的每个面之间联系性弱，即每个面"各自为政"时，则更容易被单独识别为面。

　　如前文提到的1929年巴塞罗那世博会德国馆（**图2-24**）就是用弱围合感的面来界定空间。设计师为了展现当时德国先进的工艺，在展览馆中设计了多块被精准切割的墙体。为了突出墙面，设计师还特意为墙体附上了不同的材质。打破体，强调面，削弱了空间围合感，增强了空间流动性，实现空间连续与融合，这是展览馆中"流动空间"概念得以展现的原因。

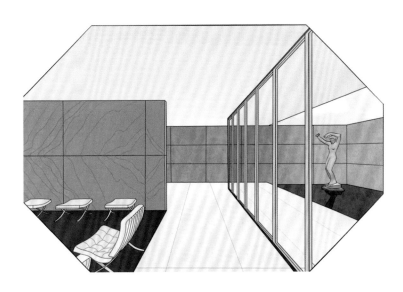

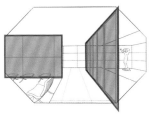

图2-24　巴塞罗那世博会德国馆（空间），密斯·凡·德·罗

[巴塞罗那世博会德国馆]

German Pavilion of Barcelona World Expo

从构成派大师赫里特·里特费尔德的作品施罗德住宅（**图2-25**）中，我们可以进一步感受到"面被消解为体"的状态。区别于大多数作为"体"被识别的建筑，施罗德住宅中用不同材质强调不同构成元素的"独特性"，使得建筑立面中呈现了强烈的点、线、面的构成状态。建筑作为一个"体"的意义被消解。

[施罗德住宅]

Schroder House

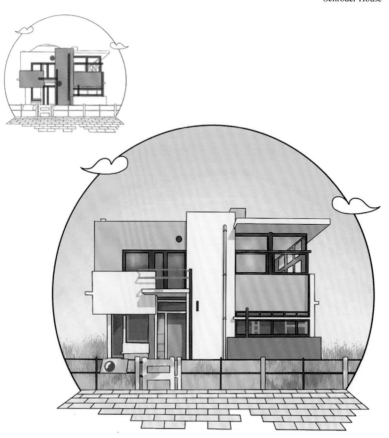

图2-25　施罗德住宅，赫里特·里特费尔德

图2-26　金泽21世纪美术馆，SANNA建筑事务所

[金泽21世纪美术馆]

21st Century Museum of Contemporary Art

区分面与体最好的方法就是将两者并置于一个建筑中比较。SANNA建筑事务所设计的金泽21世纪美术馆（**图2-26**）就为我们很好地展示了二者的区别，在这个设计中建筑上端凸出的体量被识别为体，而首层圆形屋面则被识别为面。原因在于设计中首层使用了通透的玻璃幕墙，使得首层圆柱体的厚度被消解，转变为薄薄的圆屋"面"和玻璃构成的侧"面"围合。对比起建筑顶部三个方向都有明显厚度的"体"，屋面则明显成为仅有两个方向特别凸出、没有厚度的"面"。

[圆桌会议]

Round Table

图2-27　亚瑟王圆桌会议

（二）面的形状

　　除和"点""线"一样拥有位置、方向等几何属性外，"面"还拥有形状这一最能表达"面"个性的特性。不同的形状因其各自的几何特性将为对象赋予不同的性格。如圆形的无方向性可以传递出平等的信息，英国传奇文学中的著名人物——亚瑟王，就曾在圆桌上召集骑士会议以示平等，从而有了现在的"圆桌会议"（**图2-27**）。在日常生活人们尚且能理解并合理利用不同形状传递出不同信息，设计师则更应该理性分析形状几何特性背后的意义并运用到设计当中。下文将通过一些时下流行的建筑设计案例加深大家对形状所传递信息的理解。

　　圆形的重要几何特征为边线上各点到中心点的距离一致，产生了向心性与无方向性。这种特性会向观众传递向心与稳定的信息。如**图2-28**所示的出自福斯特建筑事务所的曼谷苹果旗舰店设计，就利用了圆形去实现了建筑对于周边环境的统摄，观众无论处在场地任何一个方向看向建筑都会看见一个"完形"且对称的圆。设计中木材质近似同心圆的纹理也在不断强调与传递向心与稳定的信息。

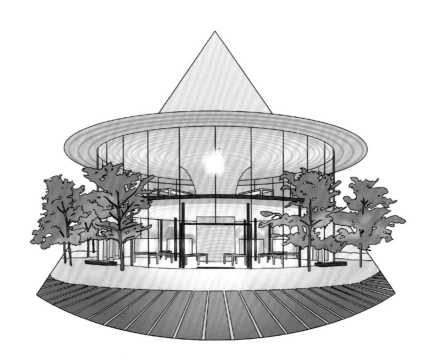

图2-28　曼谷苹果旗舰店，福斯特建筑事务所

[曼谷苹果旗舰店]

Apple Central World in Bangkok

也正是因为圆形的**主导性强**，它与其他非曲线形状的衔接通常是比较困难的，容易产生不规则的空间。这种**难以衔接**的特性，使得圆形在与其他形状同时存在时容易成为**焦点**，在平面中经常被置于一个相对重要的位置。旧金山现代艺术博物馆（**图2-29**）的设计中，就在中心位置使用了圆形的语言打造中庭，而这一圆形中庭也成为整个建筑物最具标志性物体。

[旧金山现代艺术博物馆]

San Francisco Museum of Modern Art

图2-29　旧金山现代艺术博物馆，马里奥·博塔

图2-30 埃克塞特学院图书馆，路易斯·康

[埃克塞特学院图书馆]
Exeter Library

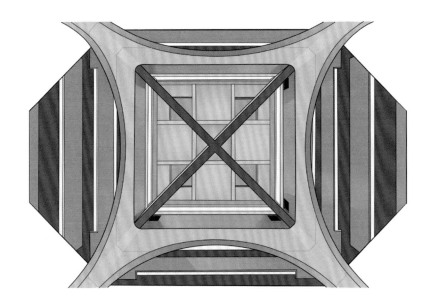

　　正方形在**无主导方向**这一点上与圆形相似，其**各边长相等**使它传递出**纯粹、理性**的信息。在建筑大师路易斯·康的心中，图书馆是神圣的地方，他为人熟知的作品埃克塞特学院图书馆（**图2-30**）就采用了正方形作为建筑基本原形去传递这种神圣理性的信息。我们可以发现很多纪念性建筑的平面或形体都与**几何原型**相关，其实这是由于几何原型能展现出强烈的统治感。无论多复杂的平面关系最终都要服从简洁的几何原型带来的**统一秩序**，这种设计与几何中的强烈统一秩序也被人们所感知，这就是纪念性形成的原因之一。

　　三角形传递出的信息则与它坐落在地面的支撑部分有关。当它的整条边坐落在地面时传递出稳定性，而当它以一个角点落地来支撑整个空间时则会传递出动态平衡的信息。贝聿铭先生的卢浮宫扩建项目就同时展现了上文所述三角形的两种状态。在拿破仑庭院中，坐落在卢浮宫入口处的玻璃金字塔（**图2-31**）传递出了稳定性，而地面以下倒三角形采光天窗（**图2-32**）的部分则传递出动态平衡的信息。

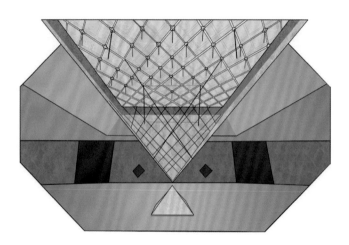

上：图2-31　卢浮宫扩建（室外），贝聿铭

下：图2-32　卢浮宫扩建（室内），贝聿铭

图2-33　伊拉克中央银行，扎哈·哈迪德建筑事务所

[伊拉克中央银行]

Central Bank of Iraq

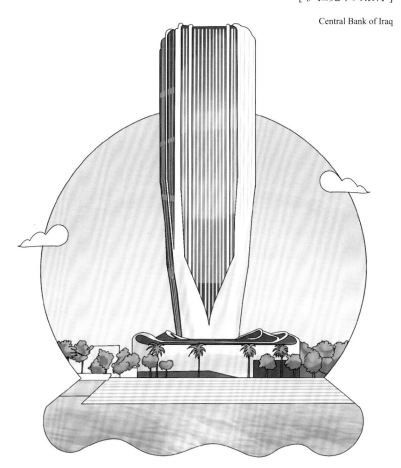

　　需要注意的是上述形状传递的信息并不拘泥于几何原型，在掌握了分析基本原型的几何特性与视觉效果的联系后，我们也可以用它们的变体来传递出类似的信息。如扎哈·哈迪德建筑事务所设计的伊拉克中央银行（**图2-33**），其实就采用了"倒三角形"这一特殊的形状来传递动态平衡的感觉，更大的塔楼高区建筑面积落于较小的低区之上，体现了对于传统"上小下大"结构的挑战，以彰显银行的实力。

（三）正形与负形

对"面"的进一步理解涉及设计中一个非常重要的概念：**正形与负形**。鲁宾杯（**图2-34**）是正、负形关系中最具代表性的案例。人们更倾向于将外轮廓**凸出**的图形识别为**正形**，而将外轮廓**凹陷**的图形识别为**负形**。所以在鲁宾杯图形中人们看到的是杯子抑或是人，取决于他注视的边缘是属于哪个形状的正形，即属于哪个形状的凸出部分。如：当人们注视鲁宾杯中人的额头部分时，他关注到的是黑色形状中的凸出部分，则此时他会将黑色部分视为更易识别的正形，而将白色的杯子视为背景。

由于**人们对正形的认知是强于负形的，也倾向于用正形来描述图形**。设计师需要在设计中埋下线索，良好地**引导及帮助**观众去以正形读取设计。如青山周平设计的森之谷温泉中心（**图2-35a**）是由一个中心玻璃体量与几个环绕周边的石材体量组织而成，由于人们对正形的认知偏好，对整个建筑的读取一定是偏向于几个梯形体量穿插在一个完整的方形玻璃体量上（**图2-35b**），而不是几个完整的梯形体量与一个有多处凹陷（负形）的玻璃体量的衔接（**图2-35c**）。设计师也通过

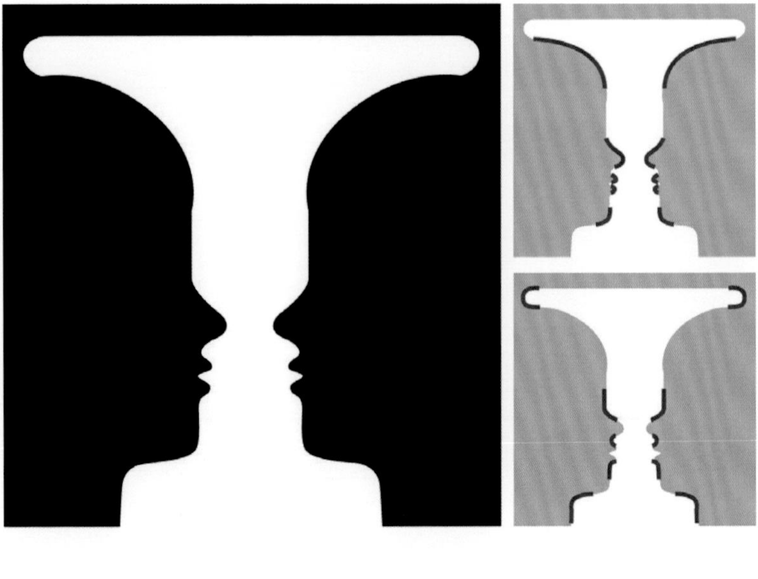

图2-34　鲁宾杯，埃德加·鲁宾 1915年

一些设计手法来加强对正形的暗示，比如玻璃幕墙的"竖挺"一直是保持着与地面垂直关系的，并没有在遇见周边的体量时而顺应其斜向交接而改变方向。同时，横向的龙骨也被强调。这一切细部操作都在暗示玻璃体作为一个连续方体（正形）的连续性。

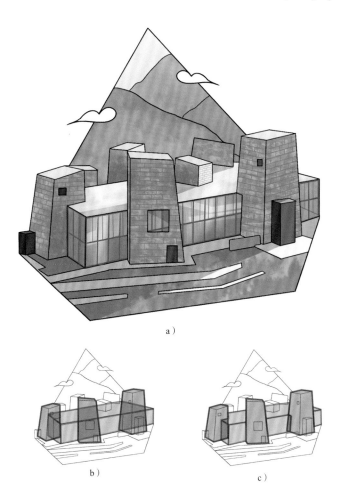

[森之谷温泉中心]

Forest Valley Hot Spring Center

图2-35　森之谷温泉中心，青山周平

a ）

b ）　　　　　　　　　　c ）

[清华大学海洋中心]

Tsinghua Ocean Center

图2-36　清华大学海洋中心，OPEN建筑事务所

又如清华大学海洋中心（**图2-36**）的设计中，设计师也用了诸多设计手法，如保持外侧墙面的材料一致，在正立面增加格栅来加强体量"实"的感觉。同时，用蓝色涂料来装饰内侧墙面，以暗示与外侧墙面的逻辑区分。从而引导大家用正形去读取与描述整个建筑，即认为建筑是一个被挖了许多方形凹槽的完整正方体。

只有当设计师的作品能引导读者用正形的思路去读取建筑，读者才能避免用他们以更不喜爱的"负形"去读取建筑并产生视觉"疲劳感"。当设计是更易于读取的，读者便更容易产生审美愉悦的感觉。

第2节 形式基本性质

一、肌理

肌理，作为设计对象的重要基本性质，能够为不同形式增添许多**视觉趣味与附加信息量**。洁白的表面可以传达纯净的感觉，肌理丰富的表面则可以传递更复杂、更具细节的信息。对比图中巴埃萨设计的住宅（**图2-37a**）与西扎的中国国际设计博物馆（**图2-37b**），两个都是出自以空间设计闻名的建筑师之手的建筑作品，可以发现从外部看后者（中国国际设计博物馆），由于肌理丰富呈现的视觉信息量明显更大。假设内部空间的趣味相同的情况下，中国国际设计博物馆的视觉趣味将会成为观众心里的加分项。**肌理**就像语言中增加了**修辞**，在"平铺直叙"中增加刺激，在"干货内容"中增加生动的细节。

肌理的方向可以在视觉上增强建筑原有的**动势**。用两个同为曲线造型的塔楼设计进行对比能很好地呈现这一点。

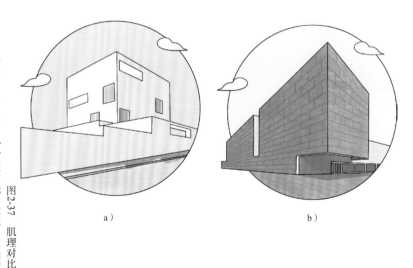

a）Raumplan House，阿尔伯托·坎波·巴埃萨
b）中国国际设计博物馆，阿尔瓦罗·西扎

图2-37 肌理对比

a）

b）

[梦露大厦]

Absolute Towers

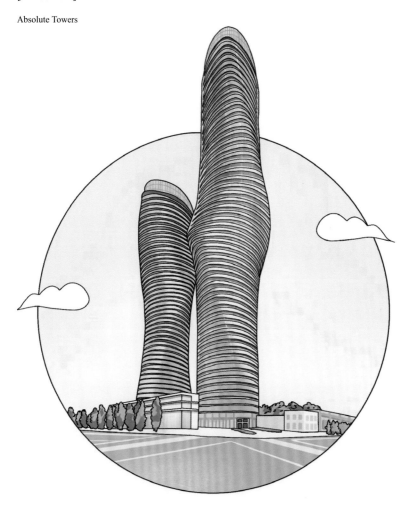

图2-38　梦露大厦，MAD建筑事务所

　　梦露大厦（**图2-38**）作为著名的扭曲式摩天大楼，其首要表达的是建筑扭转带来的曲线美感。在整体自然扭动的体量的基础上，设计师又在立面创造了大量层叠的横向肌理，帮助观众阅读到建筑体量"层层扭转"的逻辑，来增强建筑"婀娜多姿"的感觉。

而"春笋大厦"（**图2-39**），作为当时深圳湾畔第一高楼，其建筑正三角形构图的体量强调的是建筑向上的态势。同时，设计师又创造了大量竖向的细分肌理来强调这一动势，进一步在视觉上调整了建筑的高宽比，使得整体建筑更加"挺拔"。

[春笋大厦]

China Resources Tower

图2-39 中国华润大厦（春笋大厦），KPF建筑设计事务所

肌理的形式还可以反映建筑不同的个性。如KPF建筑设计事务所设计的平安金融中心大厦（**图2-40**），作为知名保险企业的总部与连接深港的金融中心，选择了有一定"粗度"、边缘轮廓更加清晰肯定的肌理来表达建筑阳刚稳重的个性。

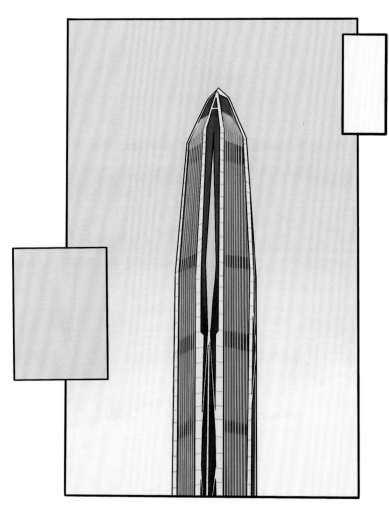

图2-40　平安金融中心大厦，KPF建筑设计事务所

[平安金融中心大厦]

Ping An International Finance Center

图2-41 纽约西格拉姆大厦，密斯·凡·德·罗

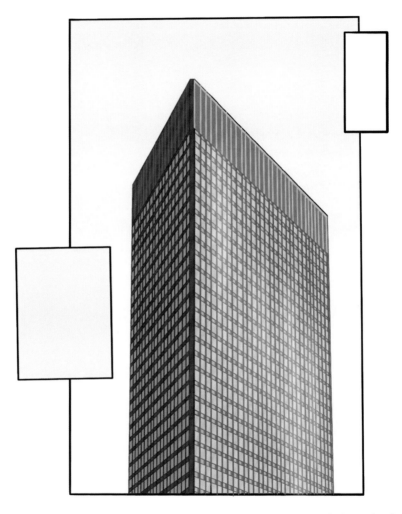

　　而出自密斯·凡·德·罗之手的纽约西格拉姆大厦（**图2-41**）则选用精细的钢构件在立面中创造了如同编织物一般细腻的纹理。"钢筋铁骨"的建筑因此传递出了简约优雅的个性，也体现了密斯"少即是多"的设计理念。

二、色彩

色彩，是形式**最容易被观众读取**的视觉性质。色彩不仅与肌理一样传达**建筑个性**，不同色彩的同时运用还能增加建筑的**视觉层次**。比如常见的黑白灰色系中的**白色与黑色**，就分别起到了**凸显与隐匿**其对应建筑构件的效果。在香港中环渣打银行（**图2-42**）的案例中，设计师用白色凸出菱形网格，而对于不需要凸出的部分，如材料交接处等这样次一级的立面元素，则用黑色来隐匿。

在这一设计中，建筑师通过材料色彩的区分使得整个建筑的立面网格主次非常清晰易读。

[香港中环渣打银行]

Standard Chartered Bank (China) Co., Ltd., Hong Kong Middle Road Branch

图2-42　香港中环渣打银行，凯达环球

图2-43　哥伦比亚大学医学中心，DSR建筑事务所

[哥伦比亚大学医学中心]

Columbia University Medical Center

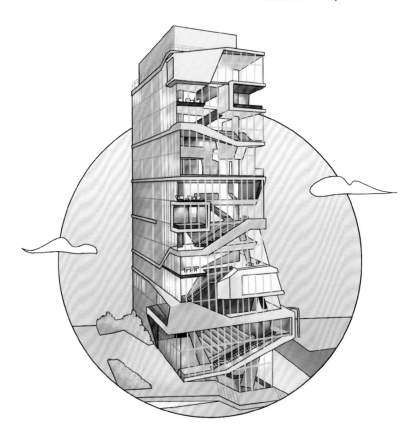

　　彩色的出现常常是为了强调与区分，如被运用到设计中表达对设计亮点部分的强调。哥伦比亚大学医学中心（**图2-43**）就运用了彩色去强调设计中最重要的公共空间部分，一个玻璃塔内连续的垂直公共空间网络因为明亮色彩的加入而被更清晰地展现出来。

小　结

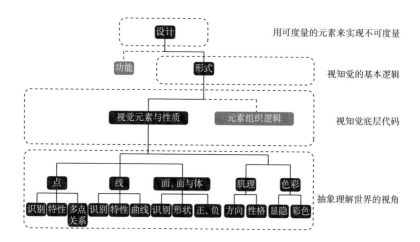

对形式语言的"词汇"部分，即形式基本元素与性质的正确理解，是设计师基本和重要的素养。这一章的内容帮助读者开始建立用"抽象的形式元素"来理解所看到复杂世界的意识。通过将复杂的世间万物抽象为简单的形式基本元素（点、线、面等），设计师才得以有机会对形式进行更深入的思考以及操作。如果设计师的思维被各种无关紧要的细节所牵绊，将无法聚焦形式问题主要矛盾，也无法"创造美"。

拥有了良好的形式"词汇"基础之后，结合对下一章节中形式"语法"，即形式组织基本原则的学习，读者将对形式语言的基本框架有了初步的理解。为后续形式语言在设计中的运用提供了良好的理论基础。

章节阅读打卡

印象深刻的地方（感想）：

想要提问的问题：

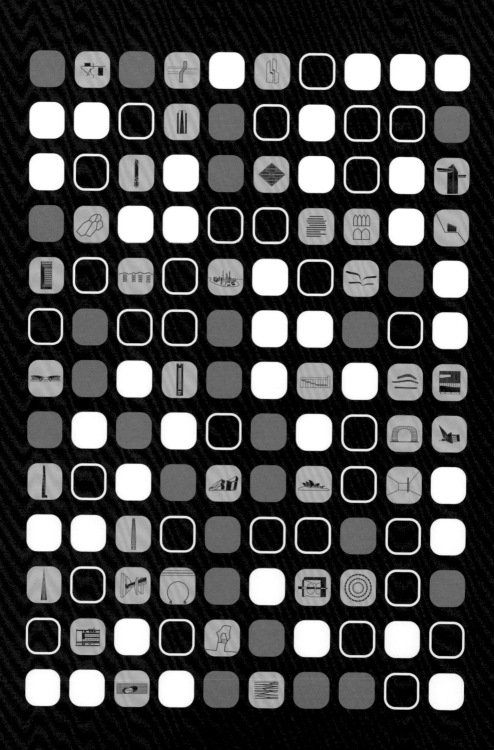

03

语法：形式组织的基本原则

Form is what，Design is how.（形式是"是什么"，设计是"怎么做"。）⊖——路易斯·康

⊖出自《Louis Kahn:Essential Texts》。——编者注

第1节　理解形式组织

　　形式元素是形式语言中的"词汇"，形式组织原则则是"语法"，是使用一门语言时所要遵从的规则。形式是已经存在于自然界中的，**形式组织的过程就是"设计"中的"计"，即计划**。将形式组织与文本写作类比，将新概念与脑中已经熟知的旧概念进行连接，能够加深大家对形式组织的理解。设计应像文本写作一样，并非单纯靠灵感完成创作，有基本的**"方法"**与评判的**"标准"**，且在系统训练后能达到"一气呵成"的状态。

　　设计过程与文本（命题）写作类似，需要经历审题到深化的过程（**图3-1**）。由于二者创作"过程"的相似，导致二者的**评价维度**也十分相似。设计虽不像应试作文一般有官方的标准评价体系，但通过对二者相同维度下的常规评价标准方式进行对比（**图3-2**），可以进一步发现许多**"共通标准"**。

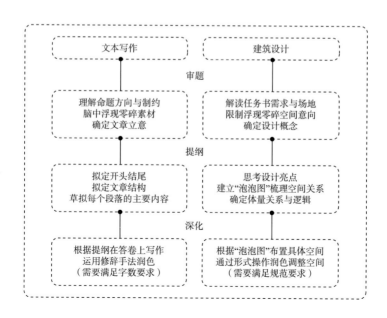

图3-1　文本写作与建筑设计过程类比

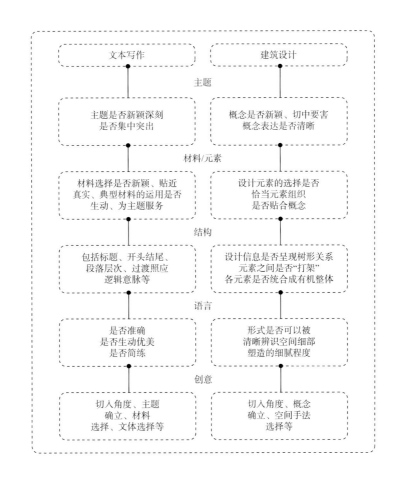

图3-2 文本写作与建筑设计评价标准对比

一份良好的命题作文的**基础标准**是主题集中突出，材料运用恰当，文章结构清晰，语言准确。而良好设计的基础标准也与其类似，即**概念统一清晰，设计元素的选择与组织恰当，设计信息的整合形式清晰易辨识。**

概念是设计的主基调，是设计信息传递的开端。设计中概念的基础要求就是统一清晰，避免多个概念的杂糅。**设计元素的选择与组织**要服从主概念的表达，如用圆形表达均质平等，这就涉及对形式基本元素与形式组织的理解。**设计信息的有机整合**，即保持设计树主次结构清晰，每一层级的设计元素都服从上一层级的元素，使得设计成为一个有机整体。这一部分将在下文讲到"统一"时详细拓展。**形式清晰易辨识**，确保设计的可读性。如前文提到的在设计中加强正形阅读的暗示，设计师要理解视知觉的审美逻辑与偏好，用专业的设计手法引导观众更轻松地阅读。能达到上述基础"标准"的设计，就如中上水平的高考命题作文，已经是令人审美舒适的良好设计。而进一步的提升，就如文本写作中对**"主题"**与**"文采"**的提升，设计中也需要对**"概念"**与**"形式"**的进一步强化。

在一些特殊技法上我们也能窥见"文本写作"与"设计创作"的相似性。如拉维莱特公园（**图3-3**）的设计中，设计师就运用了匀质分布的红色主题建筑来强调公园的整体性。这些重复出现的单体建筑与场地结合，营造出一个"不连续"的整体。这与写作中经典的"冰糖葫芦式"作文写法（**图3-4**）类似，此写法特点是主题句单独成段，放

[拉维莱特公园]

La Villette Park

图3-3　拉维莱特公园，伯纳德·屈米

图3-4 「冰糖葫芦式」作文写法

> 主题：文本写作和建筑设计近似，可以用近似方法提升
>
> 首段：文本写作和建筑设计有很多类似之处。我们可以通过学习高考作文评分标准来分析建筑设计标准。进而对建筑设计有更好理解。
>
> 分段一：文本写作和建筑设计在主题上有共通的标准。
> ……
> 分段二：文本写作和建筑设计在章法上有共通的标准。
> ……
> 分段三：文本写作和建筑设计在语言上有共通的标准。
> ……
>
> 结尾段：文本写作和建筑设计在主题表达、章法结构、语言词藻等维度的评价标准有类似之处，所以可以用近似的思维去学习和提升。

在分论点论述前，不断扣题。即不同主题段落用不同的事件重复强调同一主题，以起到强化中心的目的。两者都通过将主题提示元素分布在作品的各个部分的手法，实现对主题的强化。

"过程"与"标准"的相似性，使得设计，即形式组织，与文本写作在一些提升方法上也是互通的。文本写作通过增加阅读量，积累素材等提升"主题"与"文采"。设计则同样的需要通过对大量**案例的解读**与**形式手法的积累**来提升在设计中对"概念"与"形式"的把握。在脑海中建立网状关联的"知识矩阵"，才能在任何"题目"中发挥自如。

设计与写作的本质都是信息传递。而由于大脑会倾向于将获取的信息中有逻辑关联的信息自动归类并忽略没有逻辑的信息，**金字塔结构（树形结构）**的表达，即逻辑清晰，结论先行，主次分明的表达，将能最有效地传递信息。议论文的写作信息组织结构（**图3-5**）就是典型的金字塔结构，论点支撑主题，论据论证论点。建筑设计中的信息组织结构（**图3-6**）也是类似的，整体设计匹配概念，局部设计服从整体设计，每一个设计元素匹配其上一层级的设计。从属关系清晰。

不仅是文本写作和建筑设计，其实生活中所有高效的信息传递的信息组织逻辑都服从金字塔结构。我们耳熟能详的晚会舞台的信息组织结构（**图3-7**）也是如此。主题分化出副主题，每一个副主题又被其下不同的节目所支撑。达到远看有结构与主旨，近看有细节支撑的状态。

大多数的设计，都是针对特定问题或限制，有计划、有目标、有受众的创作行为。"计划"影响"目标"的实现度，进而影响受众的观感。设计中，恰当的**形式组织**，就如一份**优质的"计划"**，将原

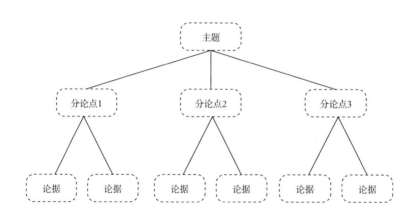

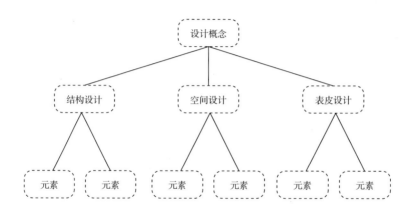

上：图3-5 议论文的写作信息组织结构
下：图3-6 建筑设计的信息组织结构

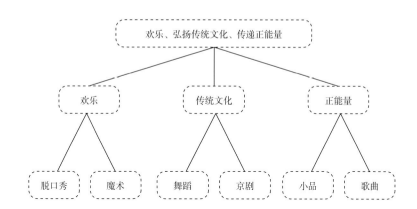

图3-7　晚会舞台的信息组织结构

本杂乱的设计信息重新排列组合，不仅帮助设计**信息的传递**，也决定"目标"，即设计**成果的质量**。同样的基本元素组合，由于形式组织的水平不同，也会产生不同的结果。

第2节　形式组织"三重境界"

　　如写作水平决定文章的境界，**形式组织的水平也将影响设计的境界**。此处我们以特殊文本脱口秀的评价标准为切入点，讲解形式组织的"三重境界"。作为一种喜剧创作，脱口秀的第一重境界是，主题清晰容易理解，听起来不累。第二重境界则是，不仅听起来不累，还有笑点。第三重境界则是，笑完还有一些反思。总结起来就是，第一重**舒适**，第二重**有趣**，第三重**有内涵**。

　　形式组织也有类似的"三重境界"，第一重是**舒适且刺激**，即形式内容不仅有亮点，且易被观众整合成可理解的形式。如康定斯基的很多构成画作品（**图3-8a**），都可以被识别为点、线、面的有机结合，丰富的色彩配合巧妙的形式组织使整体画面和谐又有亮点。第二重则是**超越维度的有趣**，如马塞尔·杜尚的作品《走下楼梯的裸女2号》（**图3-8b**）中就用静态展示了动态，在平面上带来了超越平面维度的动感。作品超越维度的限制，令观众对形式本身有想象空间。第三重境界则是**有意蕴**，是引起人心灵共鸣的艺术。

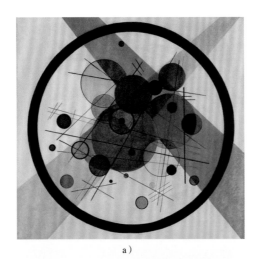

a）

b）

图3-8　画作示意

a）Circles in a Circle，康定斯基，1923年

b）《走下楼梯的裸女2号》，马塞尔·杜尚，1912年

　　第三重境界的作品常与文化相关。如吴冠中先生的山水画作品《黄山松瀑图》（**图3-9**），用抽象的形式表达了中国传统文化意蕴，也将个人主观意志融入画作。技法的背后是作者对理想美的追求与对传统文化的深刻了解。

　　那要如何开始逐步实现这"三重境界"呢？如前文所说，设计是有"目标"的"计划"。**形式组织基本与高阶原则**，就是指导计划开始的方针，它并不具体到限制创作本身，而是在大方向上指导设计元素的组织。令设计师有规可循，开始从舒适且刺激的设计开始，逐步实现形式组织"三重境界"。

第3节　形式组织基本原则

一、组织原则与应用场景

经典设计理论中的形式组织的基本原则有**统一、对比（强调）、均衡、比例、尺度、韵律**等。其中"统一"与"对比（强调）"由于直接影响设计结构与章法，是本章着重讲解的两大原则。

形式元素的**统一**与否直接影响了设计的**可读性**，决定了观众读取设计时是否"舒适"。形式元素的**对比（强调）**则为形式增添亮点，使设计重点凸出，令观众在"舒适"中感到**"刺激"**。遵循这两大基本原则，就能达到上文提到的形式组织"第一重境界"，舒适且刺激（**图3-10**）。

除基本原则外，形式组织还有**超越维度限制**的**高阶形式组织原则**，如在**静态中表达动态**，即挑战时间维度限制。如平面透视法与**空间透明性**，即挑战空间的限制。这些原则的使用，依赖人的想象力，是光靠计算机很难达到的。合理运用高阶原则能到达形式组织的第二重境界，传达超越本身维度的信息，产生"有趣"的观感。

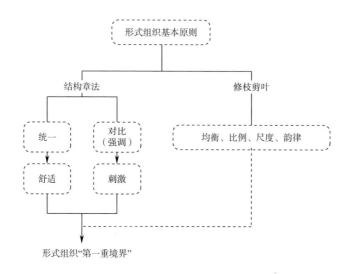

图3-10　形式组织『第一重境界』

二、统一（自上而下与自下而上）

统一因其直接影响设计的**可读性**而成为最基础也是最重要的原则。可读性强对应设计中清晰易辨识的结构与章法，如前文所述，从视觉原理的层面上来说，每一位观众都倾向于在画面中轻松寻找到某种组织联系各种元素的**规律**，不想看到毫无相关的元素联组合在一起的混乱的局面。就像人们倾向于看结构脉络清晰，而不是杂乱无章的文本。

统一意味着用整体统摄局部，各设计元素之间相互**协调**。作为复杂的人造物，建筑中整体与局部的层级关系非常丰富，涉及的设计元素也众多。因此建筑设计师更要关注为观者提供某种清晰的线索，让每一层级的元素不违背其整体的设计概念，让设计信息呈现一种**树形关系**，让观众能够轻松的读取设计的内在联系，理解设计的主旨，**统一的结构与方法如图3-11所示。**

由于树形结构的逐级分支关系，达成统一的方法也分为，用整体概念推导细节元素和**自下而上**，用细节元素反向检查整体概念两种。前者使得我们在项目初期就能逐级向下把控设计元素的统一，而后者

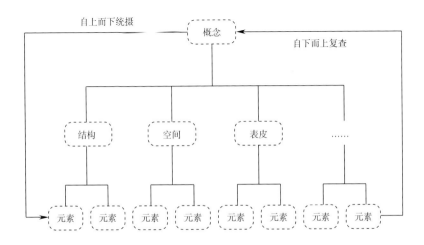

图3-11 统一的结构与方法

[爱沙尼亚塔林火车站]

Tallinn Railway Station, Estonia

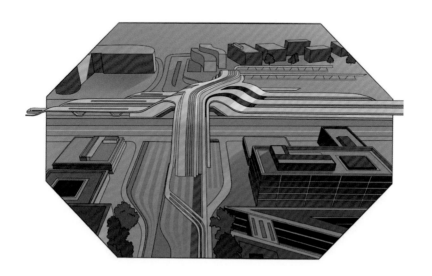

图3-12　爱沙尼亚塔林火车站，扎哈·哈迪德建筑事务所

则适用于在项目后期设计元素逐渐成形的状态下，反向检查元素是否符合概念，是否需要在元素层面上调整设计。

　　如**图3-12**所示爱沙尼亚塔林火车站的设计能很好地帮助大家理解建筑设计中的统一状态。从整体上来看它是一个清晰的折线形十字交错的大关系。在这层大关系之下的细节设计，如天窗设计、场地设计等，都遵循了整体关系的流线型设计。在几何关系上这些细部设计也均与总体边缘轮廓的线条保持平行关系，强化了体量的流线感。从而成为一个远看有整体结构，近看有细节，是一个设计信息**树形关系清晰呈现**的方案。

（一）自上而下的统一

　　要达到建筑中的高度统一，需要从设计之初就有一个清晰简明的形式概念，使得我们能**自上而下**有层级地把控众多设计元素之间的关系，使其遵从于初始形式概念。此处为大家介绍笔者常用的两种令设计从源头保持统一的方法：**简易图解法（Logo）**与**文本概述法（Slogan）**。

- **简易图解法（Logo）**

简易图解法的宗旨是**从图形的角度把握整体概念**。即在设计之初就以简易的图解概括设计的内核，在接下来每一层级细部深化的操作都从属或支撑这个图形所呈现的设计形式。**图3-13**中罗列出了一些经典建筑简化而成的示意图（Logo），事实上几乎所有被称之为"美"的建筑都可以被最终简化成一个与建成效果相匹配的示意图（Logo），因为可以被精准简化，则意味着设计重点清晰，各设计元素也高度**统一**。

而设计要素不统一服务于一个主要的形式概念时，建筑就难以被简化成一个相匹配的示意图（Logo），也会令观众产生阅读压力。在

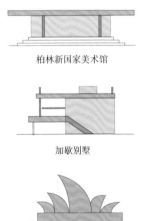
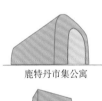

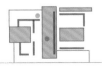

柏林新国家美术馆　　鹿特丹市集公寓　　巴黎蓬皮杜中心

加歇别墅　　北京CCTV总部大楼　　希腊帕提农神庙

悉尼歌剧院　　施罗德住宅　　西雅图图书馆

图3-13　经典建筑简化示意图（Logo）

如**图3-14**所示的案例中，设计示意图（Logo）与建筑本身并不完全匹配。造成这个问题的原因是示意图（Logo）中呈现的是一种纯粹的线框表达，设计师又希望增加折叠的立面元素。立面细分设计本应从属于初始立面设计的主体概念，然而由于立面细分折叠破坏了示意图（Logo）预设好的线框逻辑，使得整个建筑同时出现**同量级冲突的形式特点**，即"线框"与"折叠"。

[英皇道1001号]

King's Road 1001

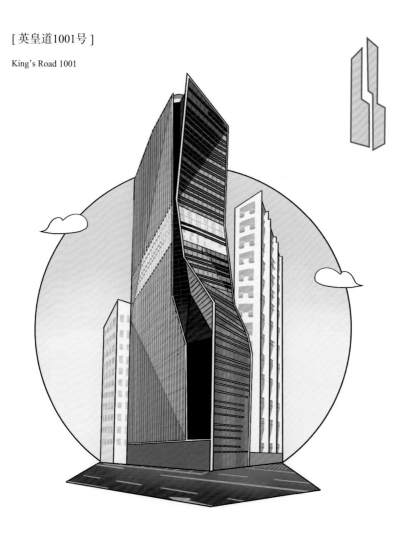

图3-14　英皇道1001号，DLN建筑事务所

图3-15 深圳招商银行总部大厦方案，福斯特建筑事务所

使用简易图解法（Logo）使我们在设计过程中谨记设计中形式的核心概念，很好的避免上文案例中同量级冲突的形式重点，从而得到**可读性强、统一协调**的建筑设计。下文的三个建筑案例，其设计元素的从属关系都非常清晰，都能被简化成清晰的图解。如**图3-15**所示案例的形式重点是竖向清晰的线框表达。主要的竖向线框在材质运用上也选择了有凸出效果的白色。其余细分的横向线条则采用了有隐匿效果的黑色材质，没有"抢夺"主要线框的表达。

　　如**图3-16**所示案例的形式重点是如钻石般的形体切割关系，其余竖向的细分线条采用了匀质分布的手法，在没有抢夺其主要形体切割关系表达的前提下，为造型增加了细节。

[罗宾逊大厦]

Robinson Tower

图3-16　罗宾逊大厦，KPF建筑师事务所

图3-17　北京保利国际广场，SOM建筑设计事务所

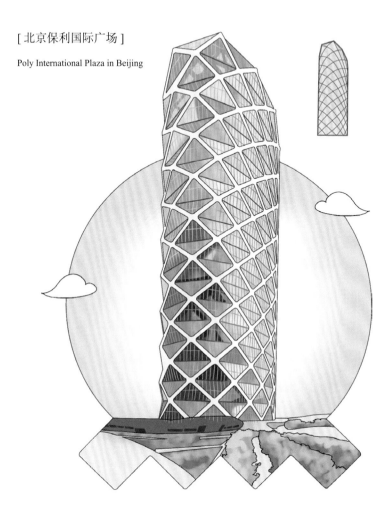

[北京保利国际广场]

Poly International Plaza in Beijing

　　上述两个案例为我们展示了当"线条"手法或"切割"手法单独主导的形式造型时的正确形式操作，而**图3-17**中北京保利国际广场的案例则像我们展示了当设计同时运用这两种形式手法时的正确操作。此设计是一个以线条主导为核心，配有次一级切割关系的方案。虽然形式手法多样，但由于细分切割全都发生在主导的白色菱形网格之内，且切割线都用黑色细线框弱化其表达，所以设计方案主次结构清晰，两种形式手法之间并没有产生冲突。

- **文本概述法（Slogan）**

与简易图解法（Logo）不同，文本概述法（Slogan）的宗旨是**从语言的角度把握整体概念**。即在设计之初就以一句标语概括设计的内核，在接下来每一层级细部的操作都从属或支撑这句标语所表达的设计主旨。同样的，大多数"美"的建筑设计内核也都可以被一句简单的标语概括。当设计造型在文字层面可以被一句简单的文字概括时，在视知觉层面也一定可以被清晰简洁地认知，令人产生审美愉悦。如**图3-18**所示朱苏大学图书馆的整个设计只用了折叠楼板这一种语言，就完成了竖向连接与功能划分。设计形式非常清晰纯粹，可以被贴切地概括成"连续折叠的楼板"。

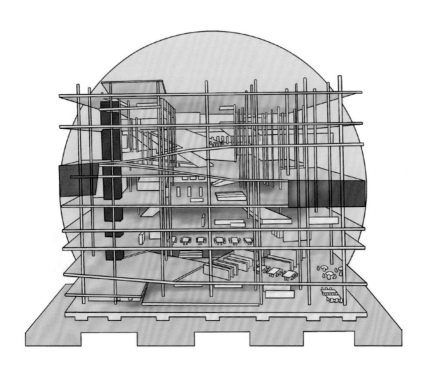

[朱苏大学图书馆竞赛方案]

Jussieu—Two Libraies

图3-18　朱苏大学图书馆竞赛方案，大都会建筑事务所（OMA）

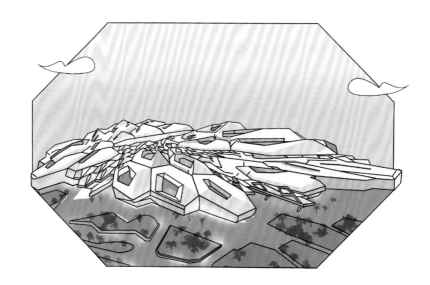

图3-19 阿卜杜拉国王石油研究中心，扎哈·哈迪德建筑事务所

　　而**图3-19**中阿卜杜拉国王石油研究中心设计则可以被概括成"六边形关系的不断变体"，因为其所有的细部设计，例如顶棚、雨篷的设计都是遵循一个六边形的"变体"。

[当代MOMA]

Linked Hybrid

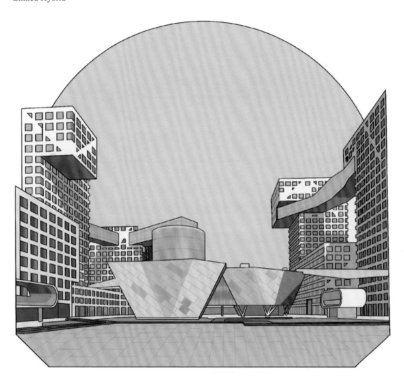

图3-20　当代MOMA，斯蒂文·霍尔

图3-20中当代MOMA的案例也可以用"围合的牵手塔楼"来概括。其设计重点是一个围合起来的庭院的关系，其他那些建筑的立面都是用非常简单的一些匀质网格表达手法。重点凸出了围合牵手塔楼的概念。

无论是**简易图解法（Logo）或文本概述法（Slogan）**，其核心都是在初始阶段为设计提供一个清晰的整体设计重点，控制每一细分层级的局部设计去支持这个重点，使设计视觉信息以层次分明的树形结构呈现给读者，从而创造出一个**统一而可读性强**，即符合视知觉审美的建筑。

（二）自下而上的统一

设计过程复杂多变，即使设计是在清晰的概念统摄下进行的，设计师依然需要在设计成熟的时候，**自下而上地**，从**元素类型（形态）**、**元素性质**、**空间关系**等维度去反向检测各个设计元素是否统一，是否符合初始设定的概念，以确保设计最终达成统一的状态。使各个元素不至于"各自为政"，而是在某个维度上有一个统一的线索来辅助观者的阅读。检测意味着需要了解标准状态，下文中的案例能够帮助大家理解**建筑设计中元素统一的状态**。

- **元素类型的统一**

元素有**点**、**线**、**面**、**体**等类型。如**图3-21**所示层叠摩天大楼住宅方案中统一使用了"层"（面）的语言，就是以**元素类型统一**的方法，保证整体设计的视觉统一。即使设计中空间之间有许多的参差不齐的进退关系，也并不影响其整体统一的观感。反而形成了露台等特色空间。

[黎巴嫩"贝鲁特露台"]

Beirut Terraces

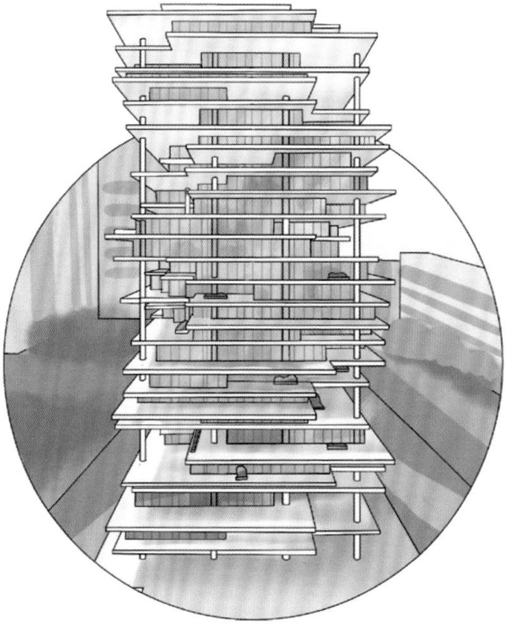

图3-21　黎巴嫩『贝鲁特露台』，赫尔佐格与德梅隆建筑事务所

　　意大利的利古里亚小镇（**图3-22**），其五颜六色的小住宅通过使用统一的方体加点窗的逻辑形态，也达到了设计整体统一的状态。我们在设计中要非常注意使用元素类型的数量，过多的元素类型会导致画面混乱，不统一。

　　元素类型的统一会产生韵律感。这在音乐中非常常见，根本方法是利用单个清晰易识别的词语元素进行简单的**重复阵列**。单个元素的简洁使得听众很容易找到阵列元素之间的联系，进而产生整体连续统一且充满节奏韵律的感觉。

[利古里亚小镇]

Ligurian Town

图3-22　利古里亚小镇，意大利

图3-23　圣马可广场总督宫，威尼斯

[圣马可广场总督宫]

Palazzo Ducale of Piazza San Marco

在设计中也是一样的，要产生这种统一之下的韵律感，**单个形式元素需要简单清晰易识别**，便于观者感受这种韵律。如**图3-23**所示圣马可广场总督宫的设计中，就重复使用简单清晰的拱门元素形成韵律，使得建筑立面统一又富有节奏。

经典形式美的法则里，韵律被单独列为一条产生美的原则，但韵律的产生也可以被认为是统一之下的某种具体情况，当统一而简洁的元素按照一定规律进行阵列排布时，韵律就自然产生了。

　　形式元素的诸多性质中，**色彩与肌理**是最富有视觉表现力的性质。因此色彩与肌理的统一，在设计整体统一中也起到较大的作用。

　　从**图3-24**所示意大利佛罗伦萨的局部鸟瞰图中可以看到，形态各异的房子，由于都在屋顶中运用了**橙色色彩**元素，城市的整体状态仍然显得非常统一。而如**图3-25**所示的商业综合体，虽然方案使用的元素类型较多，每一个单独体块都有着颜色各异的招牌。却由于设计师在每一个单独的体块中都运用了相同的**竖向肌理**，且每个单独的体块的上下边都被"勒"上了一条相同的**横向条带**，整体设计统一的感觉依然非常强烈。

　　同样运用肌理统一加强设计统一的还有如**图3-26**所示的上海前滩太古里设计，其设计中运用了石材、木材、金属等诸多不同的材料，但所有的材料都一致应用了**横向肌理**。由于统一横向语言的加入，即使是运用了复杂的材料，设计仍然表现出了统一感。横向语言如果更加明显，设计的统一感会进一步加强。

图3-24　佛罗伦萨，意大利

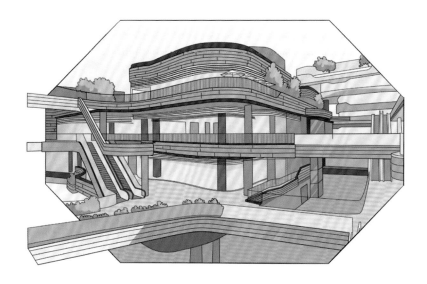

上：图3-25　深圳罗湖友谊城综合体方案，凯达环球

下：图3-26　上海前滩太古里，5+Design建筑事务所

- **元素空间关系的统一**

设计中常见的元素统一方式还有**元素空间关系的统一**。从工业设计的一个经典案例来切入会更好理解，如**图3-27**所示的宝马BWM-Z4车型的设计可以看到车的挡风玻璃的前缘向下延伸，与车身侧翼的斜向线条形成视觉上连续的整体。凸出的线条暗示了连续的空间关系。同时，车身侧翼的水平曲线与车门把手及前车灯形成了一条连续的曲线。通过空间位置的统一，车身上原本不相干的一些功能元素得到了"串联"，给读者带来简洁清晰的阅读体验。

设计中也是一样的，如**图3-28**所示上海陆家嘴的夜景鸟瞰图中，所有的建筑形态都强调一个上升的趋势，主要设计元素的指向都是朝上的。形态各异的单体之间保持了**空间方向的统一**，进而让整个画面有了一个相同的"线索"，让观者产生了清晰阅读的愉悦感。

通过**负空间的组织**产生统一的感觉也是一种常用的方法。下文将通过对比图3-29与图3-30中，同类建筑群有无负空间组织时的状态，来展示负空间的组织是如何使构图产生同一感。如**图3-29**所展现的是一个位于冰岛的城市，由于形状各异，五颜六色的房子的无规则堆砌，使整体画面显得凌乱。

图3-27 BWM-Z4车型设计，宝马公司

上：图3-28 陆家嘴，上海
下：图3-29 雷克雅未克（无负空间状态），冰岛

[陆家嘴]

Lokatse

[雷克雅未克（无负空间状态）]

Reykjavik

[雷克雅末克（有负空间状态）]

Reykjavik

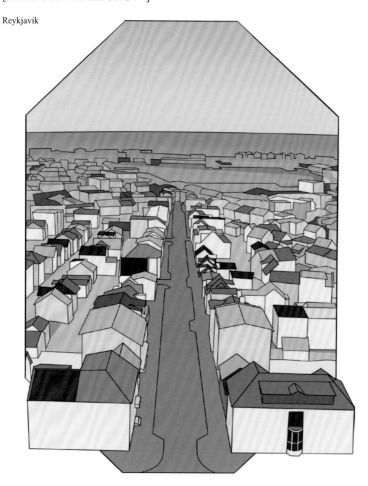

图3-30　雷克雅末克（有负空间状态），冰岛

　　对比上图，**图3-30**中同一冰岛城市的另一区域，由于作为负空间的街道的介入，整个区域被自然地切分成几个大体块，而零散的五颜六色、形状各异的房子被很好地统合在各自的体块当中，整体画面形成了相对统一的状态。街道的置入仿佛树叶的枝干一样将不同的"叶子"串联起来。可见负空间的组织，对设计的统一感产生了很大的积极作用。

• 加入统摄元素的统一

除元素自身的调节外，在设计中**加入新的统摄元素**同样可以加强设计的统一感。在绘制建筑分析图的过程中常常加入的黑色线框，这就是一种统摄元素，使得整个图面更加统一。而前文提到的拉维莱特公园中匀质散布的红色建筑，也是一种统摄元素。建筑设计中一种常见的统摄元素就是连续的大屋面，如王澍的象山校区水岸山居（**图3-31**）就利用了连续大屋面统摄屋面下方复杂的空间，使建筑整体达到统一的状态。

无论是**对原有元素的调节**，或**增加新元素进行统摄**。其核心都在于使得设计元素之间有某种维度上的联系，并且可以共同呼应主概念，保持设计整体的统一感，让观众阅读设计时感到"舒适"。

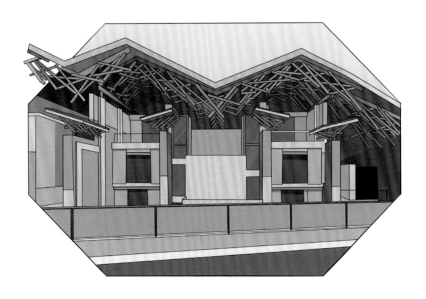

图3-31 水岸山居，王澍

[水岸山居]

the Mountain Residence by the Waterside

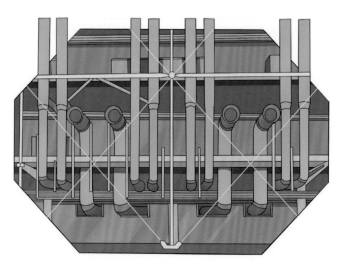

三、对比（元素性质与空间关系）

　　统一与变化的平衡是设计中永恒的命题。观者总是希望在"轻而易举"找到形式的组织逻辑之外，找到一些"解码"的成就感。所以在确保整体统一和谐的同时，任何一个设计都需要有自身想要凸出的重点。**单纯的统一不够丰富**，如著名的蓬皮杜中心（**图3-32**），虽然通过设计暴露出了大量统一的管道元素，但仅仅靠均质的排布会使其缺少吸引观众的"焦点"，统一中缺失了变化和重点，设计"舒适"而不够"刺激"。所以设计师在主立面又加入了显眼的"外挂大楼梯"，增添设计中的"亮点"。

　　设计师可以通过形式组织原则中的**"对比"**来**"强调"**创造设计中的**"焦点"**，使得设计重点凸出，给予观众视觉"刺激"。在设计中设计师必须先明白自己要凸出的重点是什么，再通过**元素的某个维度**，如类型、性质、空间位置的对比等来创造焦点，为设计"提神"。

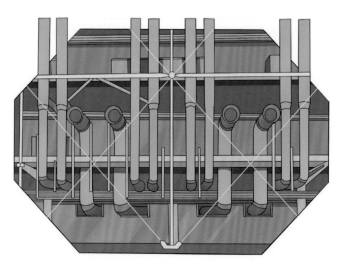

[蓬皮杜中心]

Pompidou Centre

图3-32　蓬皮杜中心背立面，伦佐·皮亚诺与理查德·罗杰斯

图3-33　新加坡『伊甸园』高级公寓，托马斯·赫斯威克事务所

[新加坡 "伊甸园" 高级公寓]

EDEN Singapore Apartments

- **元素类型的对比**

　　通过元素类型对比进行强调，是常见的设计手法。如**图3-33**所示新加坡 "伊甸园" 高级公寓的设计中就通过用一个暖色的、界面硬朗的**竖直实墙**与 "凹凸有致" **的曲线绿植阳台**进行对比。这种对比烘托了设计的主体，中心连续的 "空中私人花园" 自然地成为观众的 "焦点"。

[民生码头筒仓改造项目]

the 80,000-ton Silo Warehouse Renovation

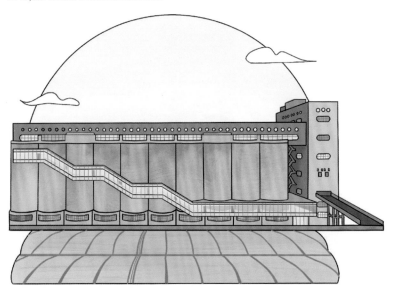

图3-34　民生码头筒仓改造项目，大舍建筑

　　同样通过元素类型对比来强调设计"焦点"的还有民生码头筒仓改造项目（**图3-34**）。设计背景为连续的圆柱体筒仓，玻璃立面被应用于展示内部连续的楼梯。这实际是通过**实体圆柱**筒仓与**虚体方形**交通空间的对比，使得立面新置入的连续的楼梯成为视觉"焦点"。与上文提到的蓬皮杜中心的正立面设计有异曲同工之妙。

- **元素性质的对比**

　　元素性质的对比非常多样，如明与暗的对比、色彩三要素的对比、模糊与清晰的对比等。位于鹿特丹的市集公寓（**图3-35**）就通过**低饱和度**的公寓外立面与**高饱和度**的市集屋面的对比，对巨大穹顶下的特色市集空间进行了强调。而荷兰驻德国大使馆（**图3-36**）的设计中，则是应用了**虚与实**的对比。在整体建筑立面应用较"实"的高反射度玻璃材料的情况下，设计通过在建筑外露的走道应用较通透的玻璃，对特殊空间进行了一种强调，创造了立面"焦点"。

[市集公寓]

Market Hall

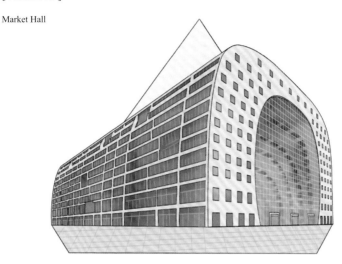

[荷兰驻德国大使馆]

the Netherlands Embassy in Berlin

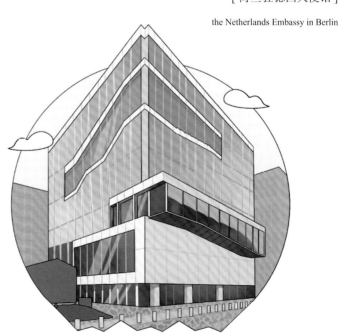

下：图3-36　荷兰驻德国大使馆，大都会建筑设计事务所（OMA）

上：图3-35　市集公寓，MVRDV建筑设计事务所

　　除常见的元素性质对比外，**抽象材料（无肌理）与具象材料（有肌理）的对比**也会被应用到建筑设计当中。如**图3-37**所示筱原一男在"白之家"的设计中通过赋予柱子一种非常具象的材料——木材，来强调这根柱子在这种抽象白色空间中的特殊性，使得柱子，成为空间中的特殊"景观"。

- **空间位置的对比（构图强调）**

　　空间位置的连续性可以加强设计统一感，**空间位置特殊性则可以强调设计焦点**。通过空间位置的特殊性进行强调，本质是一种构图强调。如苏州留园中的冠云峰（**图3-38**），作为整个留园中样貌最特殊的太湖石，其特殊性就是通过空间位置的"孤立"得到强调。

[白之家]

House in White

图3-37　白之家，筱原一男

图3-38 太湖石，苏州园林

[太湖石]

Taihu Stone

第4节　形式组织高阶原则

一、打破时间限制（建筑动感）

打破时间的限制，在静态中表现动态，需要设计师对产生对应运动的"力"有所了解才能创造"凝固的运动"。如扎哈·哈迪德第一个正式建成的作品维特拉消防站（**图3-39**），就是通过倾斜来创造动感，倾斜的混凝土面板偏离了常规的平衡位置（水平、竖直）。我们脑中天生对于重力的认知让我们感受到一种面板想要回归到正交平衡状态的"力"，进而感受到一种不稳定的动感。而凯达环球的义乌之心设计（**图3-40**）就利用了体量的错位，营造出一种"推动力"，是一层层向前冲的动态感。

[维特拉消防站]

Vitra Fire Station

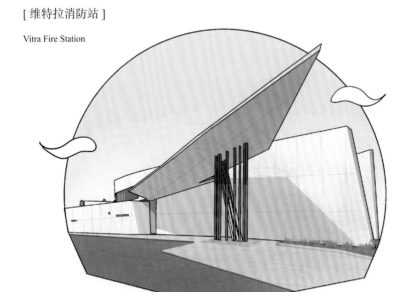

[义乌之心]

Heart of Yiwu

　　同样，著名的演艺中心悉尼歌剧院（**图3-41**）也通过几片巨大的壳体屋面的排布，让观众感受到了"离心力"带来的动感。所有的这些"小贝壳"都像要离开中心一样向外张开，使得整个建筑充满张力。

　　由于曲线，可以被认为是直线受"力"而成的，像悉尼歌剧院一样利用**曲线展现动感**也是一种常见的方式。尤其是在大型基础设施的设计中，因为经常要运用壳体或者拱结构，进而更容易得到一个曲线造型的屋面。

[悉尼歌剧院]

Sydney Opera House

图3-41　悉尼歌剧院，约翰·伍重

　　如**图3-42**所示纽约TWA航站楼就使用了曲面屋面来表达动态。观众会自然地在曲线中感受到偏离静止位置的形变所产生的一种应力，这种应力又自然地带来了动感。

　　曲线配合扭转可以使得物体有向心旋转的动态感，中国第一高楼——上海中心大厦的设计（**图3-43**）就为我们展现了"向心力"所产生的动感。螺旋扭转上升并不断收缩的塔身形态，使整个建筑有了如"盘旋上升的龙"一般内向集聚向上的动感。上海中心项目竞赛中其他优秀的参赛作品，如诺曼福斯特事务所与SOM事务所的作品，也强调了上升的感觉，但都没有中标方案强烈。

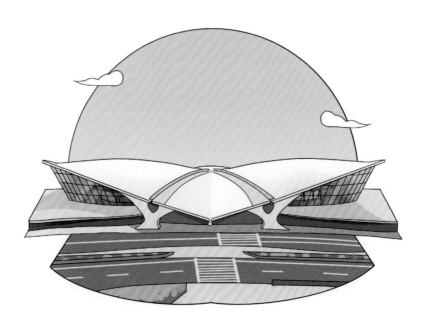

[纽约TWA 航站楼]

TWA Flight Center

图3-42　纽约TWA航站楼，埃罗·沙里宁

图3-43　上海中心大厦，Gensler建筑设计事务所

[上海中心大厦]

Shanghai Tower

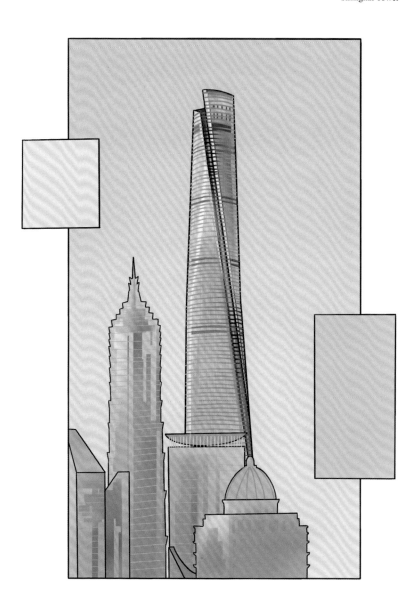

[上海中心大厦竞赛方案]

Shanghai Tower Competition

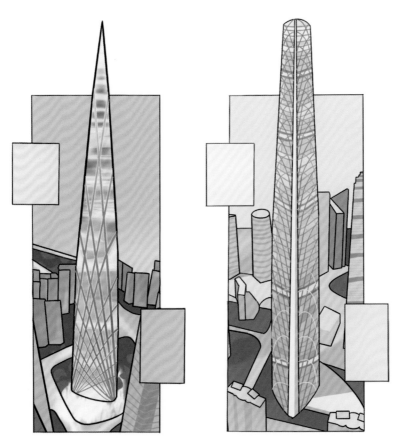

右：图3-45 上海中心大厦竞赛方案，SOM建筑设计事务所

左：图3-44 上海中心大厦竞赛方案，福斯特建筑事务所

　　福斯特建筑事务所的竞赛方案（**图3-44**）中在体量上选择了底边落地的三角元素，SOM建筑设计事务所的方案（**图3-45**）中也在收缩塔身的同时使用了向上放射的弧形元素。但由于缺乏明显的展现的"力"，所以上升感仍然没有中标方案中的扭转形体带来的动态上升的感觉强。

二、打破空间限制（建筑透明性）

挑战空间的限制，即在**二维**平面中体现**立体，即平面透视法**，在**三维**空间中展现**空间透视，即空间透明性**。

（一）平面透视法

从古埃及的壁画（**图3-46**）中可以发现，远古时期的绘画是没有"正确的透视"这一概念的。对象的正面与侧面会同时出现在画面中。找到正确的透视，成为当时人类对绘画最基本的追求。到了文艺复兴时期人类已经能很好地掌握透视关系（**图3-47**），打破二维平面的限制，在其中展现三维空间的关系。

上：图3-46 古埃及壁画
下：图3-47 《纳税银》，马萨乔

　　不同的透视法，所关注与保留的信息有所不同。只有选择合适的方法，才能更好地表达图纸所想表达的内容。如最**经典的透视法**（**图3-48**），这种近大远小、近视远虚的两点透视，选择忽视的信息就是被挡住的东西。但是这种情况下你所有看到的东西确实是非常真实。再比如说**垂直定位法**，这种比较特殊的透视法出现在一些古代绘画（**图3-49**）当中，可以让不同维度的东西在同一画面展示。许多现代插画也会运用这种透视表达。

上：图3-48　《雅典学院》，拉斐尔

下：图3-49　垂直定位法

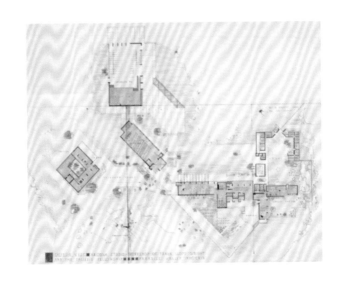

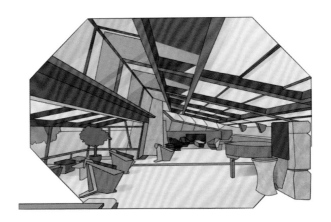

上：图3-50　西塔里埃森平面图，弗兰克·劳埃德·赖特
下：图3-51　西塔里埃森透视图

　　建筑中最常见的**平面图**则是超越了人的视角去把控全局关系，选择忽略立面造型细节。比如说像赖特的西塔里埃森平面图（**图3-50**），我们可以看到其空间在这个平面图上是以一个上帝视角呈现的，我们可以很好地去把握不同的、复杂的流动空间的关系。人的视角（**图3-51**）是很难感受到这种全局感的，只能感受到步移景异而无法从宏观视角感受整体关系。

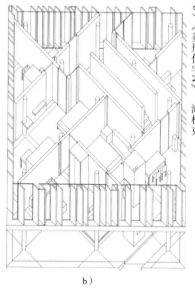

a）

b）

图3-52 轴测透视
a）《清明上河图》局部，张择端
b）《菱形住宅A》，海杜克

还有一种常见的透视法是**轴测图**。轴测图最大的特点是保留了对象原始尺寸与真实的距离信息，而省略了近大远小的透视关系。中国传统绘画中就经常采用这种透视方法，最大程度展现城市的完整状态（**图3-52a**）。可以看到**图3-52b**中《菱形住宅A》的轴测图，其中空间的尺寸信息都非常完整地被保留下来的。由于让人感受到基本空间透视关系的同时也感受到了尺寸信息，轴测图成为建筑师非常青睐的空间表达方式。

（二）空间透明性

空间透明性指同时对一系列不同的空间层次进行感知。从图形透明性切入来理解会更容易。拉兹洛·莫霍利-纳吉创作的画作（**图3-53a**）可以很好表达这种**图形透明性**，我们可以同时在一个画面中感受到网格、折线、平面等三层元素的叠合（**图3-53b**）。在现实生活中，由于人类没有"透视眼"，这样的状态应当是很难发生的。但是人脑通过自带的"完形"功能，可以天然通过不完整的图像，推测出图形的全貌。这种人脑补形的方式，使得人们在看到画作时自然地能读取被压缩到同一平面中的不同空间层次信息。

图3-53　图形的透明性
a)《La Sarraz》，拉兹洛·莫霍利-纳吉
b)元素层次图解

a)

b)

　　在柯布西耶的经典画作（**图3-54a**）中我们也可以再次感受到图形透明性。画作中不同的图形在进行彼此的遮挡，但由于脑中对形式基本的认知，我们最终脑补出了右图中的空间关系（**图3-54b**）。

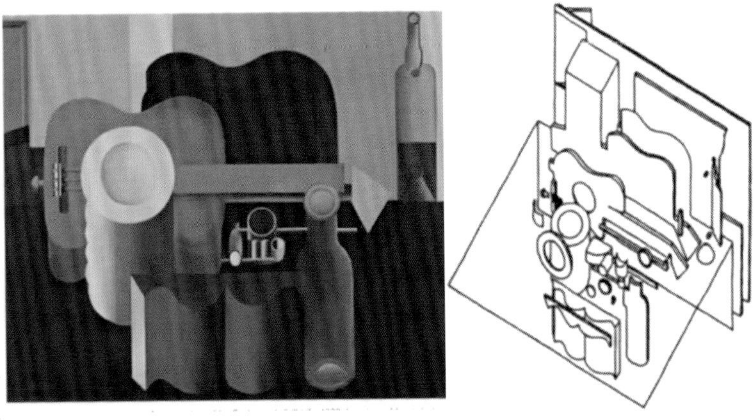

图3-54　静物画，勒·柯布西耶
a)《静物》，勒·柯布西耶
b)《静物》分析图，B.Hoesli

a)

b)

　　出自勒·柯布西耶的建筑作品加歇别墅（**图3-55**），则为我们展现了建筑中的空间透明性。我们人脑会自动补充被遮挡的空间，我们会想象左侧被遮挡的平台延伸入室内的样子。不同的空间层次在想象中被补足，创造了新的视觉趣味。

　　在安藤忠雄的上海保利大剧院（**图3-56**）中，我们从立面上除可以感受到在方体内部掏空的球形洞口外，还可以通过在圆形洞口中展示出来的连桥局部、结构核心筒等元素，想象出没有被展示出来的方形体量后的空间。空间透明性也可见之于室内空间，在贝聿铭先生设计的德国历史博物馆（**图3-57**）中，纵向的大型结构界定出了一个空间层次。同时，还可以看到另一层由横向交通连廊形成的横向空间秩序。虽然部分交通空间被纵向墙体所遮挡，但我们却可以透过露出来的一部分建筑细部想象出交通关系的全貌，仿佛拥有"透视眼"一般，这就是空间透明性带来的视觉趣味。

图3-55　加歇别墅（空间透明性），勒·柯布西耶

[上海保利大剧院]

Shanghai Poly Grand Theater

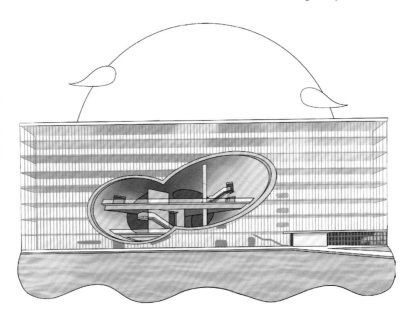

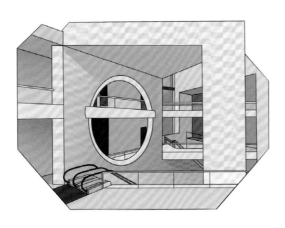

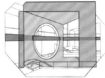

[德国历史博物馆]

German Historical Museum

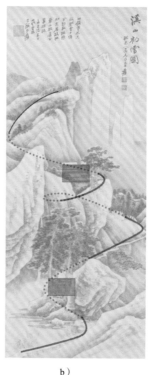

图3-58 中国山水画
a)《溪山初雪图》，张大千
b) 山水画路径图解

a)　　　　　　　　　　b)

中国传统文化中对空间透明性有自己独特的思考和趣味。从二维的山水画到三维的传统建筑等艺术作品都展现了这一点。如**图3-58**所示的山水画展现了山与山间小径的关系，小径虽然被层层叠叠的山体挡住，只偶然出现在画面中，但作为观者我们仍然能脑补出一条连续的通往山顶的路。在同一画面中，我们同时感受到了完整的山体与小径两个空间层次。

传统的园林建筑对空间透明性的运用也是多样的。从拙政园的透视图（**图3-59**）中，我们也可以同时看到两个空间层次，连桥的横向空间与流水所代表的纵向空间。而在留园的局部透视图（**图3-60**）中，我们则可以同时感受到墙体限定的空间与从洞口露出的墙体背后景观的空间，这也是园林建筑中常用的框景手法。

[拙政园]

Humble Administrator's Garden

[留园]

Lingering Garden

上：图3-59　拙政园，苏州
下：图3-60　留园，苏州

　　由于中国传统建筑空间的趣味性，中国现代建筑**对传统空间的转译**成为时下大家比较感兴趣的一个话题。王澍设计的**滕头馆**（**图3-61**）是一个能很好展示这种"转译"的案例。片墙界定了一层层的空间，同时我们可以感受到楼梯穿梭在一层层的空间中。其本质是一种**映入眼帘的强秩序空间与隐隐约约出现的弱秩序空间的结合**。在同样出自王澍的**黄公望美术馆**（**图3-62**）的设计中，映入眼帘的片墙所界定的纵向空间，与折叠步道所代表的横向空间也代表了这种强秩序与弱秩序。相反，**图3-63**中董豫赣的**红砖美术馆**设计中虽然也使用了框景手法，但由于没有可以引人联想的弱秩序的空间的出现，而没有展现空间透明性。

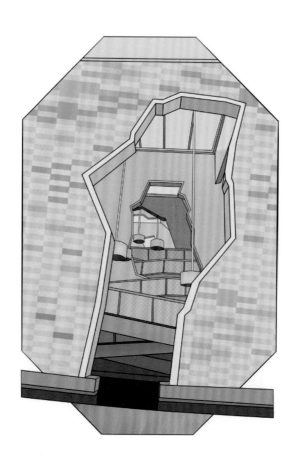

图3-61　上海世博会宁波滕头馆，王澍

[黄公望美术馆]

Huang Gongwang Art Museum

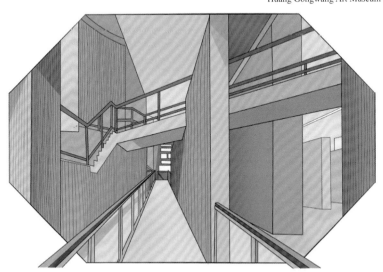

[红砖美术馆]

Red Brick Art Museum

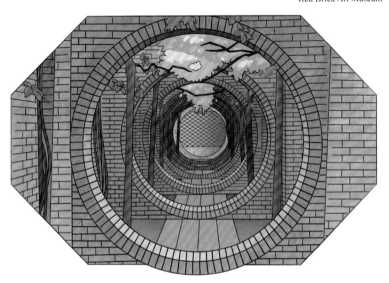

上：图3-62　黄公望美术馆，王澍

下：图3-63　红砖美术馆，董豫赣

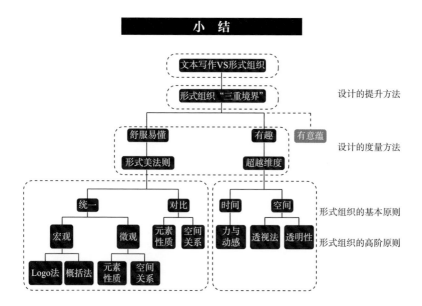

作为形式语言的"语法"部分，形式组织原则是使用形式语言所需要遵循的规则。通过文本写作以及形式组织的对比，我们建立了一个共识——建筑设计是可以有系统的评判与提升方法的。本章节通过将解析形式组织的"三重境界"，将对形式语言的学习拆分成可以循序渐进的不同阶段，并罗列了不同阶段所对应的形式组织原则。其中最重要的第一阶段"舒服而刺激"，要求设计中的形式"清晰可读有亮点"，这也对应着基本形式美法则中最基础也最重要的两个原则，即"统一"和"对比"。

在统一中追求变化是设计中永恒的命题。而扩大"变化"的维度，即在设计中展现"动态"和"多重空间"则对应更高阶的形式组织原则。形式组织的原则并不是"限制"设计，而是让设计的提升"有规可循"。设计师对这些原则的学习与运用最终会指向自身对形式语言、对设计独特的理解。

章节阅读打卡

印象深刻的地方（感想）：

想要提问的问题：

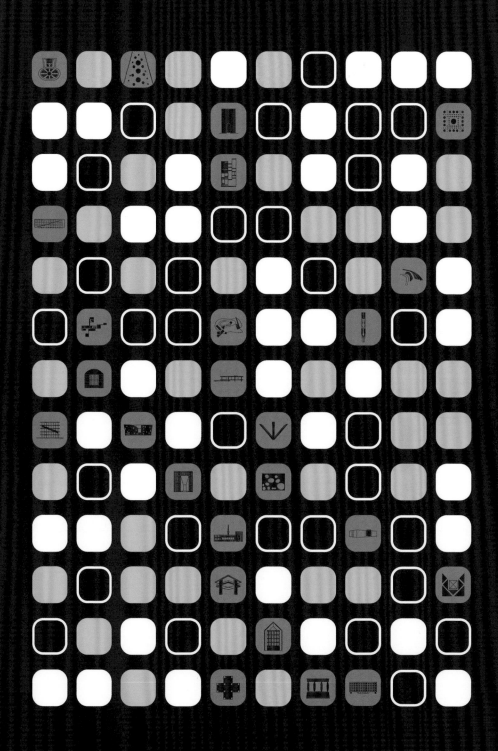

04

应用：形式与空间的辩证关系

埏埴以为器，当其无，有器之用。凿户牖以为室，当其无，有室之用。故有之以为利，无之以为用。[⊖]——老子

⊖出自老子《道德经》。——编者注

第1节　图底关系认知

一、形式空间关系

在建筑设计中，形式与空间密切复杂的联系使得二者无法被分开讨论。老子曾说过"埏埴以为器，当其无，有器之用。凿户牖以为室，当其无，有室之用。故有之以为利，无之以为用。"这句话其实暗含了对形式与空间、有形与无形最根本关系的一个理解，**"有形"是手段，"无形"是目的。**

埏埴以为器，意思是我们糅合陶土做成器皿。从设计师的角度来看这个部分就是设计，或者说是形式组织。当其无，有器之用，意思是说有了器具中空的地方才有了器皿的作用。这句话强调我们使用的是空间。下一句话的主旨也是相似的，即我们创造的是对象的形体（有形），使用的却是对象空的部分（无形）。我们**通过操作形式，得到可以使用的空间。**

建筑是一种特殊的"有具体使用功能"的艺术。通过与其他艺术形式的对比，也可以加深我们对建筑中形式与空间关系的理解。对于绘画、雕塑等设计艺术而言，设计的逻辑通常是"设计什么，用什么"，即**设计的主体就是被使用的主体**。如**图4-1**所示波普艺术家草间弥生在香港展览的南瓜雕塑，草间弥生设计的是一个南瓜雕塑，观众看到的也是一个南瓜雕塑。而建筑设计就不一样了，**建筑师设计的是形式，用户使用的却是空间。**

然而建筑师经常费尽心思画的都是形式，而直接想空间的却很少。当然也不是没有，比如常见的"功能泡泡图"就是直接思考空间的一种方法。再比如**图4-2**所展示的建筑师对于建筑空间的一个研究。他把水泥倒到建筑的壳子中，用建筑的外形当模具，把空间浇筑出来。他很认真地去分析在形式与形式的壳子之下，空间的关系，希望让人们意识到形式之下的空间的存在以及它的重要性。

即使有上述例子，不可否认的是，建筑设计中直接设计空间是具有难度的。形式是一切设计内容的载体，作为建筑设计师，我们应当

[《南瓜》]

pumpkin

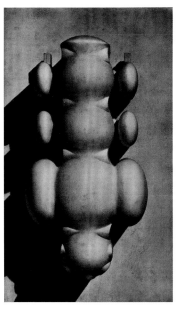

上：图4-1　《南瓜》，草间弥生

下：图4-2　混凝土模型，《空间的结构和序列》，路易吉·莫雷蒂

意识到所操作的形式之下，承载的内容，如空间。

理解形式与空间的关系对建筑设计至关重要，我们可以再通过一个例子来进一步了解这两者的关系。经济学中有一个专有名词叫"外部性"，是指某个经济实体的行为使他人收益（正外部性）或受损（负外部性），却不会因之得到补偿或付出代价。简而言之，就是说我们做一件事情的时候，对没有参与到此事以外的人产生了影响。比如为自家修建一个屋顶泳池时，修建活动产生了很大的噪声，给邻居造成了干扰，这是一个负外部性。修建结束之后，屋顶泳池成为邻居窗前的一个美景，这是一个正外部性。所以我们在"修建泳池"的时候也会对他人产生影响。建筑设计中也一样，我们设计的是红线之内的"皮囊"，但同时会对外部环境以及内部空间产生影响。

"摸不着"的空间是难以被单独拿出来讨论的。在理解了诸多形式基本原理后，作为一个合格的建筑师，应当有能力在讨论造型本身的同时，考虑形式与空间的相互关系。我们设计与看到的是"有"，决定我们用得是否舒适、方便的是"无"。**图（形式）与底（空间）是相互依存的辩证关系。**

图4-3可以帮助我们从二维图上再一次理解形式与内外部空间的基本关系。如果在我们没有进行任何干预之前，我们看到的是一个匀质的、无差别的世界。当形式（图中蓝色方框）介入后，我们除得到形式本身外，我们还得到了形式以外的空间，与被形式围合的内部空间。即**我们每画一笔形式的同时界定了形式本身以及形式内外的空间。**

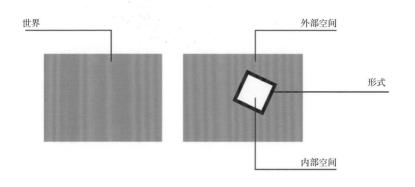

图4-3 形式与空间关系

二、二维图底关系认知

　　形式与空间的融洽，涉及建筑设计中对图底关系的认知。二维平面上的图与背景的关系很好理解，但需要关注的是，在不同的尺度下观察同一个图形，人们所关注的重点会有所不同。如**图4-4**所示，展示了在不同尺度下同一图（蓝色边框）与底（灰色背景）的状态。在相对小的尺度下，灰色背景被识别为——"蓝色边框的底"，这时候我们关注的是形式本身（蓝色边框）与**外部空间**的关系。但在相对大的尺度下，形式本身（蓝色边框）成为背景的一部分，此时我们更关注的则是边框**内部空间**的状态。作为建筑师，我们应该有在不同尺度上思考形式与空间关系的能力。

　　形式与外部空间存在三种状态。第一种状态是**背景衬托形式**，即形式本身很清晰，背景不可读。如梵高的自画像（**图4-5**）就是很典型的状态。梵高本人的自画像这一形式在整体的这个画面中是非常清晰的，但作为底的背景，自身没有携带任何可读信息，而是单纯的作为衬托主体形式的一个背景。第二种则恰恰相反，是**形式衬托背景**。中国传统印章（**图4-6**）是一个贴合这种状态的案例。没有被有色印泥覆盖的部分被默认为底，着色部分则是形式。而这个画面中，单独的形式本身是并不具备任何意义，也不传递任何有效信息。真正传递信息的是形式所限定出来空的部分，即我们看到的文字。这就是形式衬托背景，因为有了形式的存在，背景才变得可读。第三种状态是**图底交**

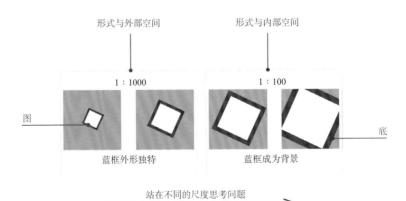

图4-4 不同尺度下形式与空间关系

融的一个状态，即主体与背景均包含正向的信息。

　　图4-7中展示的是电影《彼得与狼》的海报，狼作为形式，其边界限定出了小男孩的形状，暗示了彼得与狼的关系。图与底都传递出信息。同样的，在**图4-8**中，《美国队长》的海报，展现的主体是美国队长跳跃街区的场景，同时通过形式边界在背景天空中限定出美国队长的标志——"五角星"的形状。这种图底都传递出正向信息的状态，就是图底交融的状态。

　　图底交融的状态，也时常出现在中国传统的山水画（**图4-9**）之中。画师在画山（图）的时候，会有意控制山的边界，以界定出空白的"底"的轮廓。虽然一笔未动，却可以让观众意识到水的存在。通过良好的控制图的边缘，使得图和底都传达出了有效信息。这种图底交融的关系，虽以20世纪出现的西方鲁宾杯图形最为闻名。但中国太极图也早有图底关系的意识，并呈现出很好的图底交融状态。中国传统庭院空间中展现出的"优秀的图底关系"也是来源于这种对"阴阳调和"的追求。

　　当图底交融达到极致状态时，会出现一种"图即是底，底即是图"的状态。如当代艺术中的抽象绘画（**图4-10**），图和底已无法被分开讨论。

图4-9　图底交融的状态
a）《幽江独钓》，张大千
b）《登山林水图》，张大千
c）太极阴阳图与鲁宾杯

a）　　　　　　　　b）　　　　　　　　c）

图4-10　抽象绘画
a）《28.06.2001》，赵无极
b）《30.09.65》，赵无极

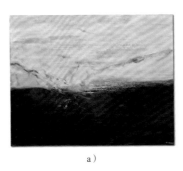
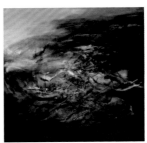

a）　　　　　　　　b）

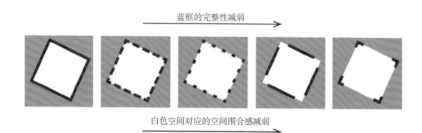

图4-11　形式完整性与空间围合感

　　形式与内部空间的关系，则与形式的完整性相关。形式越完整，内部空间的围合感就会被削弱（**图4-11**），反之亦然。不同的形式将带来不同的空间感。这一部分将在后文结合三维案例再详细说明。

　　对图底关系的考虑，不仅局限于二维平面的设计。其在如建筑设计等三维立体设计中也应该被重视。

第2节　形式与外部空间

一、建筑与外部环境空间关系

　　任意一座建筑物在设计的过程中都会或多或少受到所在场地的限制。同样的，任何一座建筑物的产生，也将或多或少对周边环境产生影响。如《形式·空间·秩序》一书中所强调的那样，"在一个城市尺度范围内，我们应该精心考虑一座建筑物的责任。不仅要考虑建筑本身的形式，而且要考虑它对周围空间的影响。" **在城市尺度上讨论形式与空间关系，等于讨论主体建筑与城市广场、街道、周边其他建筑等外部空间的关系。**作为建筑设计师，我们需要深刻的理解所设计的建筑（图形）对于城市（底）的意义。是独立的焦点主体、是谦虚的城市背景，或者是两者的结合。

（一）建筑作为焦点主体

　　建筑（图）可以作为亮眼的独立主体在场地空间（底）中存在。这类建筑作常常被较大的"空旷"区域（广场，景观区域等）围绕，与城市环境的距离为人们观赏主体建筑提供了很好的**视距**，也使得主体建筑成为空间中的"亮眼"的**焦点**。如贝聿铭先生的卢浮宫扩建设计（**图4-12**），通透的玻璃金字塔坐落在"空旷"的拿破仑广场之中，周边的建筑群自然地成为背景。

这类建筑常常通过在整体设计中强调**标志性与放射性**来展示对周边环境的统摄，所以中心性强的**原型**（圆形、正方形、三角形）成为合适的选择。前文提到的北京天坛是一个典型的案例，很好地利用了同心圆的放射性来强调主题建筑对整个环境的统摄。卢浮宫扩建项目的主入口处也在水体景观的设计上，延续了三角元素来表达主体金字塔对环境的渗透。

（二）建筑界定场地空间

与上文提到的中国传统印章中的图底关系类似，在城市尺度下，**建筑（图）也可以作为限定场地空间（底）的存在**。此时建筑不再是焦点，其所限定出的城市空间成为重点。如意大利的圣彼得广场（**图4-13**），就是一个用建筑去围合限定城市空间的典型案例。广场周边的建筑除作为风雨走廊外并没有更多的意义，而建筑限定出来的广场却让观众更好的意识到与广场相连的圣彼得大教堂在城市中的特殊性。

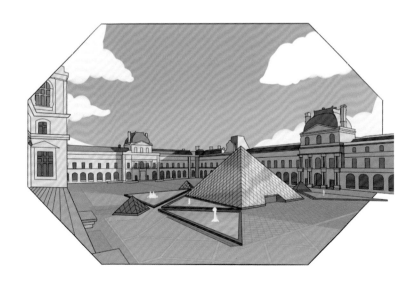

图4-12 卢浮宫扩建设计，贝聿铭

[圣彼得广场]

Saint Peter's square

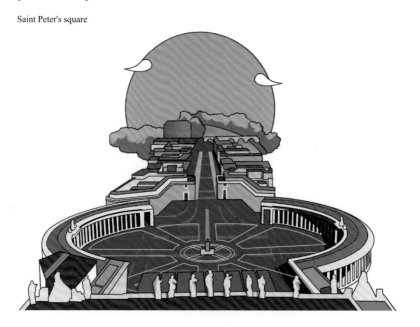

图4-13　圣彼得广场，意大利

　　除限定广场外，建筑也可以**限定街道**。可以看到在安藤忠雄设计的**住吉的长屋**（**图4-14**）中，设计师选择将丰富的"设计"至于建筑内部，在对外的迎街立面上采用了非常简洁的做法。这一"操作"使得住吉的长屋与街道上的其他建筑**融为一体**，进而共同限定了街道的边界。与住吉的长屋形成对比的是同在日本的住宅建筑，出自藤本壮介的**NA住宅**（**图4-15**）。NA住宅的设计没有强调与周围建筑的融合。完整的体块被建筑师解构成了一块一块的错落且视觉穿透性强的小盒子。材料上也选择了与周边住宅使用的混凝土墙面截然不同的玻璃材质作为建筑的主要立面材质。因此街道的**边界**被模糊，街道的完整性被削弱，但也正因为如此，NA住宅就像一个特殊的有吸引力的缺口"吸引着街道"，建筑跟街道的**互动感**被加强。与住吉的长屋主动作为限定城市空间的一部分不同，NA住宅展现了建筑"不甘心"融入城市背景的一面。

[住吉的长屋]

Azuma House

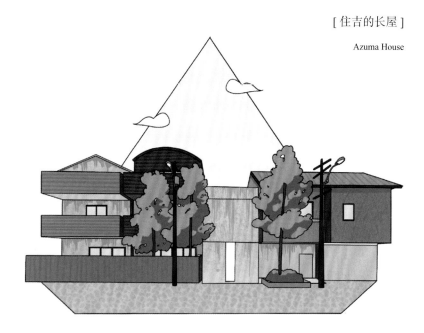

[NA 住宅]

NA House

上：图4-14　住吉的长屋，安藤忠雄
下：图4-15　NA住宅，藤本壮介

（三）建筑与场地空间交融

　　与前文展示的《彼得与狼》的海报类似，建筑中设计中也存在**建筑（图）与场地空间（底）交融**的情况。如位于巴黎的阿拉伯世界文化中心（**图4-16**），整个建筑都在低调中透露出独特。建筑只占了场地的一半，沿城市街道退让出了一半场地空间作为公共活动广场。而立面上镜面材料的选择，使建筑像镜子般反射出巴黎的景观，巴黎的传统建筑在立面中隐约可见。

　　这种退让的手法可被认为是一种"低调而奢华"的操作手法。在经典的欧洲城市肌理中，城市的建筑都是严格遵循规划网格，通常只在场地内部通过建筑围合出自己的内部广场。但阿拉伯世界文化中心，却退让出了一半的场地空间作为公共广场。虽然在阿拉伯世界文化中心的设计中，设计师的本意是希望建筑成为广场中人类活动的背景。但无形之中，这种退让为观众提供了一个更好的观测建筑的视距。

[阿拉伯世界文化中心]

Arab World Institute

图4-16　阿拉伯世界文化中心，让·努维尔

图4-17 蓬皮杜国家艺术文化中心，伦佐·皮亚诺与理查德·罗杰斯

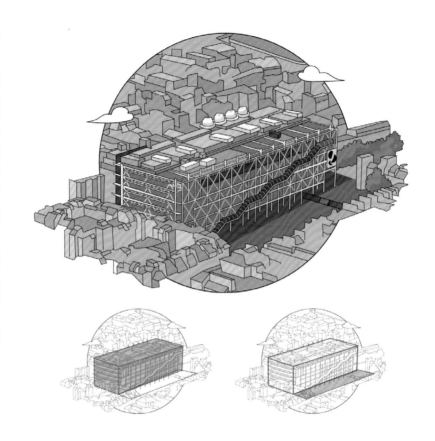

　　这种"低调而奢华"的操作手法同样可以在蓬皮杜国家艺术文化中心（**图4-17**）的设计中看到。设计师同样在场地中退让出了大面积的公共广场，但这也使得人们在其中活动的同时，拥有一定的视距便可以观测到设计的"亮点"，即立面上完全被暴露在外的钢管结构以及管线。建筑本身的立方体形状也由于退让出的广场的衬托，使得自身在整个城市中更加独特。

　　在上述两个案例中，建筑除限定了城市空间（底）外，因为退让出了广场，建筑本身也与周围建筑区分开来，成为一个可被单独识别的、携带有效信息的正形。达到了一种"图与底皆有信息的"图底交融状态。

图4-18　考夫曼沙漠住宅，理查德·诺伊特拉

[考夫曼沙漠住宅]

Kaufmann House

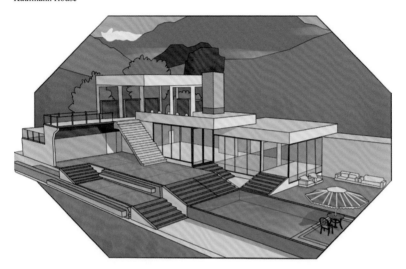

　　考夫曼沙漠住宅（**图4-18**）为我们展现出了更强烈的建筑与周边环境交融互动的状态。建筑采用了风车形的平面。这种布局，大大增加了建筑与场地的接触面，把场地的几个自然空间也仿佛化为己有，使得室内空间向外进行延展，以最小的建筑面积容纳了最大的室外空间感，是一种非常巧妙的形式。

　　当形式与空间的互动到了极致状态，**建筑便消融成为底的一部分**。这一类情况多发生在地景建筑中。其中安藤忠雄的直岛地中美术馆（**图4-19**）更是为了保护原有的景观而将大部分的建筑本体置于地下。从地表上只能看到几个几乎没有高度的几何形体，整个建筑消融进了场地原有的景观中。

　　而对于城市环境中的消隐，香港西九龙高铁站（**图4-20**）则是一个很好的案例，其景观化屋面除为地下高铁站带来采光外，还为使用者提供一个和城市空间融合的公共活动场所。类似的案例还有横滨国际客运中心（**图4-21**），一个早期的非线性地景建筑。整个建筑屋面成为一个公众易到达的景观公园，消融在场地之中。

[直岛地中美术馆]

Chichu Art Museum

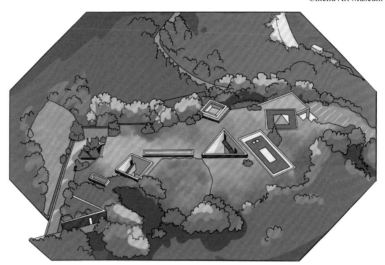

[香港西九龙高铁站]

Kowloon Station

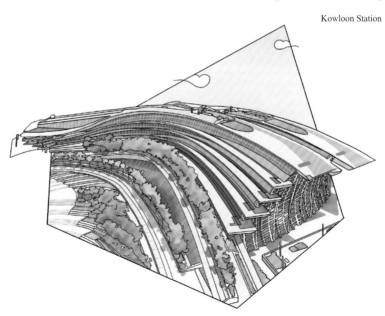

上：图4-19 直岛地中美术馆，安藤忠雄
下：图4-20 香港西九龙高铁站，凯达环球

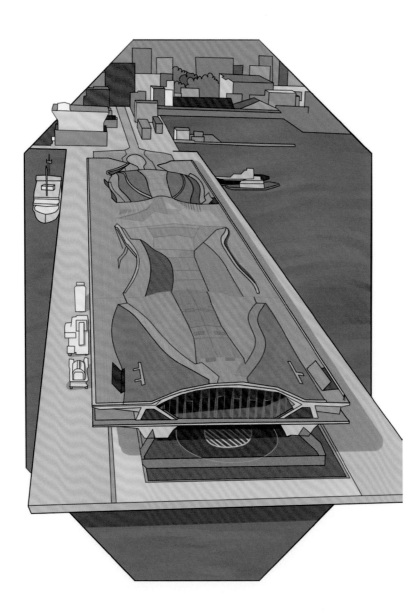

图4-21　横滨国际客运中心，FOA建筑事务所

[横滨国际客运中心]

Yokohama International Passenger Transport Center

图4-22　罗马城市肌理

　　基于这些不同的建筑（形式）与城市空间（外部空间）的关系，最终一个一个的建筑就会组成我们所看到的城市。优秀的城市肌理，是因为**每个建筑都完成自己的角色，有的形式凸出，有的作为背景，但是大家都会考虑到与城市的和谐关系**。比如如**图4-22**所示的**罗马城市肌理**就是这样的状态，城市作为"底"在大多数的情况下被建筑边缘限制得非常清晰，也会有一些很巧妙的小广场。每个建筑都不是很抢眼，都能够保持城市街道界面的完整性。到了一些有纪念意义建筑的部分，就利用特殊的形式和广场来烘托，比如图4-22中的万神庙，就用了圆形形式，与周边的广场一起表达了这个建筑在整个城市中的特殊性。

　　不同的图底关系在城市中"百花齐放"却又形成了一个统一的整体，这就是一个优秀的城市肌理所应呈现出来的样子。

二、室内元素与建筑空间关系

（一）空间的重要性

从**建筑尺度**来讨论形式与外部空间的关系，是指**建筑内部的墙体、柱子、家具等与建筑内其他空间的关系**。在这个尺度范围内，我们倾向于把室内形式元素当成平面图的正要素。但与此同时，形式元素之间的"空白的空间"不应该只是被单纯视为一个衬托形式的背景。这些空间应该被当成**有形状的存在**，与形式元素一样被**合理、有机地组织**起来。

我们可以通过路易斯·康的两个作品来感受一下建筑内部不同的形式与空间关系。路易斯·康曾说过："如果世人发现我是因为'理查德医学研究楼'，那么我发现自己是因为'屈灵顿更衣室'。"是什么让路易斯·康产生了这样的想法呢？这个问题的答案或许从两者的平面图比较中可以窥见一二。首先从**耶鲁大学美术馆的平面图**（**图4-23**）中我们可以感受到，一个主要的大的空间，被置入许多细小的服务空间、办公空间。而主要的美术馆的空间，仿佛是被服务空间占用后剩下的部分。而**屈灵顿更衣室**（**图4-24，图4-25**）中作为形式的柱子，所限定出来的空间，更像是一种形式之间有意"挤压"出的空间。而不是单纯被剩余的空间。这样一对比，我们就可以感受到，在前者的平面图中，服务空间被当成了整个空间中的形式（图），其本身被清晰地定义出来，而服务空间之间的空间（底），即整个展厅空间看起来更像是限定完"图"之后剩余的部分。而在后者的平面图中，图与底均达到了易被识别的状态。

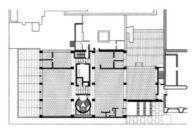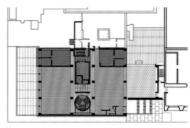

图4-23　耶鲁大学美术馆平面图，路易斯·康

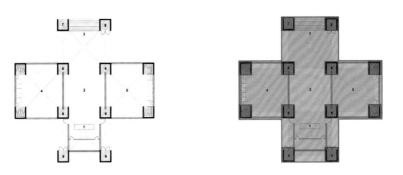

上：图 4-24　屈灵顿更衣室平面图，路易斯·康

下：图 4-25　屈灵顿更衣室，路易斯·康

[屈灵顿更衣室]

Trenton Bathhouse

　　密斯·凡·德·罗的范斯沃斯住宅（**图4-26**）与菲利普·约翰逊设计的位于美国康涅狄格州新迦南的玻璃屋（**图4-27**）也是建筑史上一组经典的对比。两者虽然都是由钢铁与玻璃构成的玻璃屋，但对建筑内部形式与空间关系的理解却大有不同。首先，从范斯沃斯住宅的平面图可以看到，建筑中主要的服务功能都被放入了一个方形核心筒当中，而核心筒这一形式与周围的墙体一起，很好地"挤压"与"暗示"出不同的区域（**图4-28**）。整个建筑没有多余的墙体分隔，形式之外内部的"剩余的"空间却自然地被合理划分成厨房、餐厅、卧室、客厅。反观菲利普·约翰逊的玻璃屋，在其平面图中我们同样可以看到一个明显的形式——一个圆柱。但这个同样处于中心位置的圆柱却没有起划分限定"剩余空间"的作用。圆柱之外的空间（底）仅仅是自由摆放着家具，与圆柱（图）的关系也非常模糊（**图4-29**）。

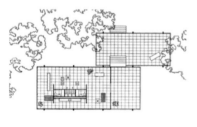

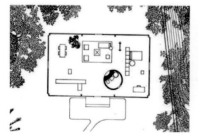

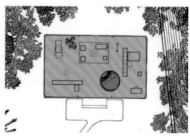

上：图4-26　范斯沃斯住宅平面图，密斯·凡·德·罗

下：图4-27　玻璃屋平面图，菲利普·约翰逊

[范斯沃斯住宅]

Farnsworth House

[玻璃屋]

The Glass House

上：图4-28　范斯沃斯住宅，密斯·凡·德·罗（一）

下：图4-29　玻璃屋，菲利普·约翰逊（一）

（二）材料与形式表达

在建筑尺度内，形式在空间中也有**被强调与融合**两种状态。两种状态的区分，更多是通过材料运用来体现。为某个形式赋予**特殊的材料**可以使得其在空间中被**凸显**，形式之外的空间自然成为背景，与前文提到的梵高的自画像类似。如筱原一男的上原的住宅（**图4-30**）中，设计师就通过赋予柱子特殊的混凝土材质以强调它在空间中的独特存在，强调柱子本身"野性的"表达。而在妹岛和世的劳力士学习中心（**图4-31**）设计中，由于设计师更强调整体均值抽象的空间表达，而不希望柱子成为空间中的主角，柱子就没有被赋予特殊材料，并且在颜色上也选择了与整体匹配的白色。形式与空间融合，达到了图底交融的状态。

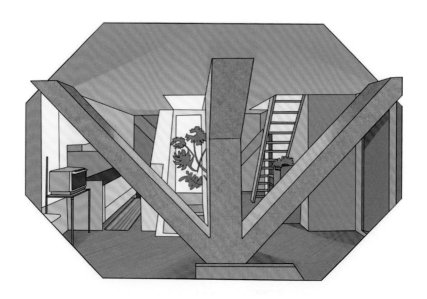

[上原的住宅]

House in Uehara

图4-30　上原的住宅，筱原一男

图4-31 劳力士学习中心，妹岛和世

[劳力士学习中心]

Rolex Learning Centre

　　无论是从城市尺度上去看单座建筑，或者是在建筑尺度上去观察建筑内部的形式元素，我们都应该意识到我们每画一笔形式（图）都在改变着形式外部的空间（底），我们不仅需要考虑形式本身的美观，也需要对形式之外"剩余的"图形悉心设计。

第3节　形式与内部空间

一、体量与围合：体

　　形式的完整性与连续性影响内部空间的围合感，越想表达空间的围合感、体量感，就越不能破坏形式的完整与连续。反之亦然。**图4-32**展现了一个体块随着其围合不断被削减，体量感逐渐消解的过程。从单纯的开洞，到删除完整的面，再到删除四周的面，整个体块作为"体"的概念消失，慢慢被解读成"面"，最终变成了"层"。

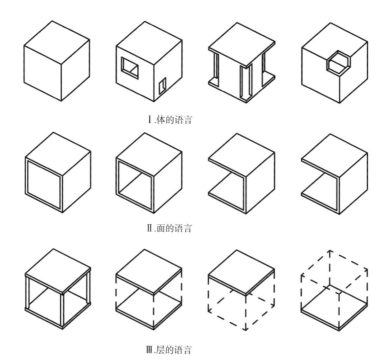

图4-32 体的消解

Ⅰ.体的语言

Ⅱ.面的语言

Ⅲ.层的语言

　　单纯的开洞是最能保持"体"的概念的，但开洞的位置不同也会对空间体量感、围合感造成不同程度的影响。**图4-33**为我们展现出**面上开洞、转角开洞、角点开洞**，分别从单个维度、两个维度、三个维度去影响形式的完整性。**开洞同时影响的维度越多，"体"的概念就越弱。**

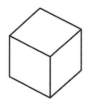   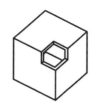

Ⅰ.三维立方体　　Ⅱ.面上开洞（破一维）　　Ⅲ.转角开洞（破二维）　　Ⅳ.角点开洞（破三维）

图4-33 墙体开洞

（一）面上开洞（破一维）

由于**面上开洞**只破坏了体块一个维度上的关系，是对完整性影响最小的开洞方式，适合想表达体量感的建筑。我们称这种开洞方式为"破一维"。

王澍的**宁波博物馆**（**图4-34**）的设计就是一个典型的强调建筑体量感的设计。所以可以看到整个建筑的开洞都在面上，非常小心地避开了建筑转角的部分。除此之外，设计师还通过深凹陷的开洞来暗示体量的厚度，进一步强调了建筑的体量感。这种形式状态下对应的内部空间的状态也会是包裹感非常强的。使用者只能从面上感觉到体块的些许"破损"，但还是能感受到被整个体块包裹的状态。

[宁波博物馆]

Ningbo Historical Museum

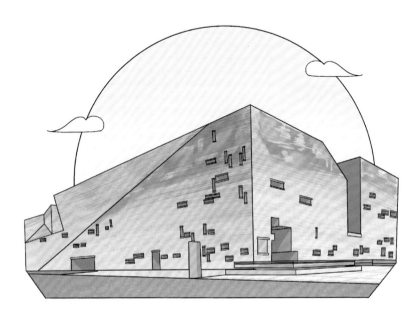

图4-34 宁波博物馆，王澍

运用深凹陷开洞来加强建筑体量感是常见且有效的方法。这种操作手法在公共建筑的入口处经常被用到。因为这种开洞手法没有涉及对形体的转角进行"破坏"，即使把洞挖得很深也没影响我们对于形式作为一个"体"的认知。如黑川纪章设计的福冈银行（**图4-35**），建筑中高达九层的开洞创造了一个巨大的建筑半室外空间，为观众暗示出了体量的深度，也为室内外提供了一个良好的过渡。

从经典作品勒·柯布西耶的萨伏伊别墅室外（**图4-36**）与室内（**图4-37**）透视图中我们可以进一步感受到面上开洞这一手法对室内空间的影响。与上文提到的案例相同，萨伏伊别墅的开洞也全都是避开转角，仅仅落在面上的。转角的完整，使得建筑外部体量感强烈，同时内部空间也因为实体的转角而拥有了良好的围合感。

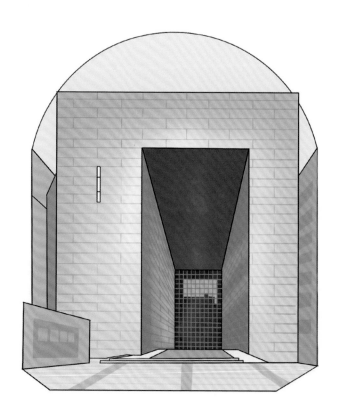

图4-35　福冈银行，黑川纪章

上：图4-36　萨伏伊别墅室外，勒·柯布西耶
下：图4-37　萨伏伊别墅室内，勒·柯布西耶

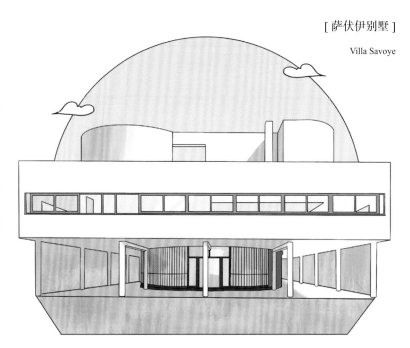

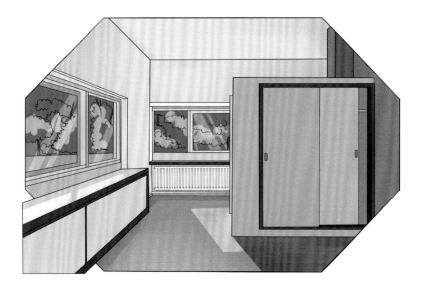

（二）转角开洞（破二维）

由于涉及洞面与面之间的开洞（窗），**转角开洞（窗）**的操作会同时破坏两个维度的完整性。所以转角开窗对形式的完整性影响比单纯的面开窗要大。两种开窗方式得到的室内空间状态也大有不同。

彼得·贝伦斯的**AEG涡轮机工厂（图4-38）**与格罗皮乌斯的**法古斯工厂设计（图4-39）**的对比能够很好地展现两种开窗方式及其带来的空间状态的不同。在涡轮机工厂的设计中，所有转角的地方均保持着实体状态，是没有开窗的。是我们上文提到的"破一维"的开窗方式。这种情况下，建筑的体量感是被很好地保留的。而法古斯工厂却采用了当时令人耳目一新的开窗方式，即在转角处开窗。与AEG涡轮机工厂的"实"非常不同，转角开窗为法古斯工厂带来现代建筑的"通透轻盈"其室内空间的围合感也被削弱。

菊竹清训的著名设计空中住宅（**图4-40**）能进一步为我们展现"破二维"的开窗方式是如何削弱空间围合感的。整个建筑的四个转角都是打开的状态，内部空间与外部空间的互动感增强，室内围合感减弱。

图4-38 AEG涡轮机工厂，彼得·贝伦斯

上：图4-39　法古斯工厂，格罗皮乌斯

下：图4-40　空中住宅，菊竹清训

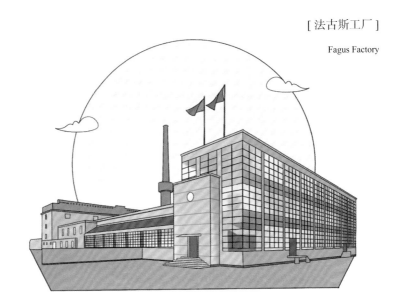

除了从形式上，设计师还可以通过材料的运用来达到"破二维"的状态。如**图4-41**所示的福特基金会纽约总部大楼，从其剖面透视图（**图4-42**）可以看出，从体量关系上来说，它与上文提到的福冈银行类似，都是一个上段完整，但在下端有一个多层通高凹洞的方形实体。但由于福特基金会纽约总部大楼中在方形的上端，选择了使用玻璃与深色材质（隐匿效果），方形体量上端的实体感也被消解。这一操作，相当于在方形体的顶面与侧面的转角处开洞（破二维），建筑实体感变弱。而福冈银行整个设计则使用统一的材料来保持方形体量的整体感。这也是两者为什么拥有同样的形式体量逻辑，空间的体量感却不同的原因。

这两个案例的对比也告诉我们，即使是类似的空间体块逻辑，在不改变功能排布的前提下，建筑师的形式操作也是有一定余地的，是有空间去改变形式的阅读逻辑的。

[福特基金会纽约总部大楼]

Ford Foundation Building

图4-41　福特基金会纽约总部大楼　凯文·洛奇与约翰·丁克罗建筑事务所

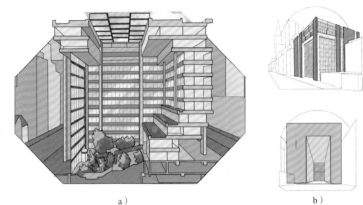

图4-42　相同体量，不同造型逻辑
a）福特基金会纽约总部大楼体块逻辑
b）建筑造型逻辑对比

a）　　　　　　　　　　　　　　　　b）

（三）角点开洞（破三维）

角点开洞（窗）会同时在三个维度影响体量的连续性，对原有体块的体量感的破坏性极强，从形式上采用这种"破三维"开洞（窗）方式的建筑并不常见。较经典的案例是**卡诺瓦雕像博物馆**（**图4-43**），其为了营造室内特殊光线采用了角点开窗的方式。开窗面积虽然并不算大，但原有方体的感觉被明显削弱了。

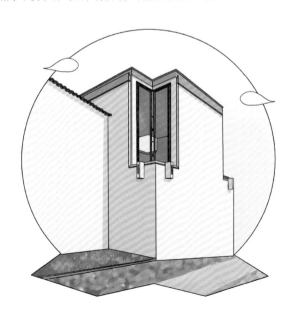

图4-43　卡诺瓦雕像博物馆，卡罗·斯卡帕

二、体量与围合：皮

　　当设计中对一个体块直接进行一个或几个整面删除的时候，体块就不再被识别为"体"，而是"皮（面）"的围合（**图4-44**）。

　　如**四川美术学院虎溪校区图书馆**（**图4-45**），其主体量的一个面被完全删减。面的删减使得整个空间的围合模式发生变化，从被一个三维的"体"包裹变成被二维的"面"围合。当使用者走在中庭（**图4-46**）的时候，感受到的也是来自不同方向的"皮"带来的围合感，一种被片状物遮挡的感受。

[四川美术学院虎溪校区图书馆]

Huxi Campus Library of Sichuan Fine Arts Institute

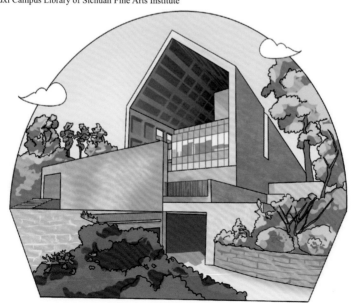

下：图4-45　四川美术学院虎溪校区图书馆，汤桦

上：图4-44　体量删面

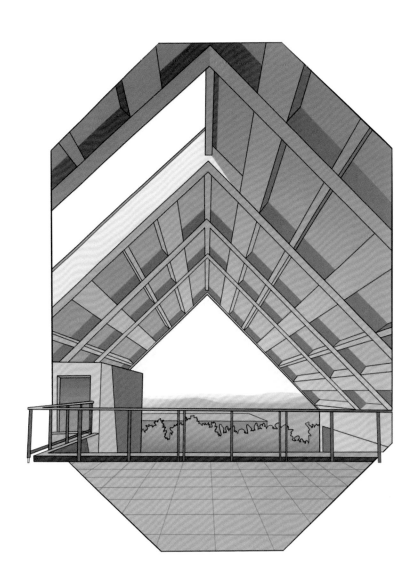

图4-46　四川美术学院虎溪校区图书馆（中庭），汤桦

[四川美术学院虎溪校区图书馆]

Sichuan Fine Arts Institute Library

[加歇别墅]

Villa Gachet

图4-47　加歇别墅，勒·柯布西耶

可以再看看前文提到过的勒·柯布西耶的**加歇别墅（图4-47）**，
画面中最左侧的墙体未延伸至方形的边线处，且该墙体在竖向上也突
破了原本的方形范围，导致该墙体不再作为"体"的一部分被受众阅
读，而变成了一块二维的"皮"限定造型的边界，而原本完整的方形
体也因为这一操作而导致了空间围合模式的改变，进而也减弱了建筑
阳台区域的围合感，使建筑变得更加开放。

三、体量与围合：层

当体量四周的围合面都被删除而仅保留上下两个实体面时，体量就会从"面"的围合，变成"层"的叠合（**图4-48**）。

古希腊的神庙完美地诠释了这种"层"的逻辑。以**图4-49**所示的伊瑞克提翁神庙为例，神庙的柱子其实非常密集，密集的柱子很容易被识别为面，然后与上下两个面被统合在一起识别为"体"。但由于神庙选用了人形柱子，用另一种形式逻辑很好地把上下的两个面脱离开来，使得整体展现"层"的效果。如果此处选用的是密集的普通方形柱子，神庙就会被理解为"体"。

上：图4-48　体量删除四周围合
下：图4-49　伊瑞克提翁神庙，希腊

关于利用柱子达到脱开这一操作手法，此处以拜内克古籍善本图书馆（**图4-50**）为例做一些延伸。图书馆的概念是"漂浮的宝盒"，所以整个建筑强调的是与地面脱开的感觉。因此四个异形柱被放置于半透明的大理石方盒之下，很好地表达了建筑主体与地面分离的状态。

除采用异形的柱子表达层与层之间的"脱离关系"外，将竖向构件后退也是一种很好的强调形式中"层"的语言的手法。如慕尼黑WERK12综合体（**图4-51**），设计中每层之间的玻璃面都采用了"后退"的处理，使得方盒子的实体感被削弱。每层挑出的露台在视觉上被阅读成了"层"的语言。当人们站在露台上向外看时，不存在任何竖向构件对视野的遮挡，整个建筑的空间通透感是非常强烈的。设计师还进一步用异形的英文字母加在层与层之间去进一步强调"脱开"的关系，这与神庙中使用人形柱的效果是一致的。

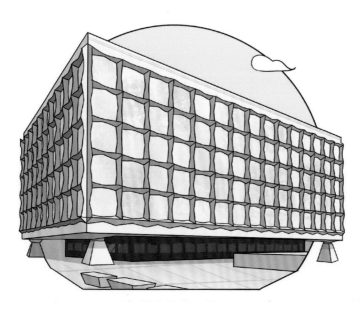

[拜内克古籍善本图书馆]

Beinecke Rare Book and Manuscript Library

图4-50　拜内克古籍善本图书馆，SOM建筑设计事务所

图4-51　慕尼黑WERK12综合体，MVRDV建筑事务所

[慕尼黑WERK12 综合体]

WERK12

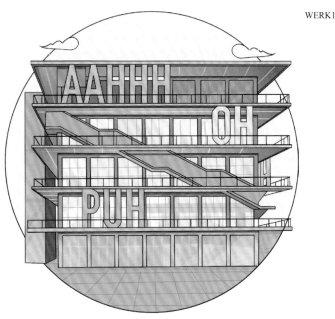

　　说到"层"的表达，不免又要再次提到建筑史上的经典对比，密斯·凡·德·罗的**范斯沃斯住宅（图4-52）**与菲利普·约翰逊设计的位于康州**新迦南的玻璃屋（图4-53）**。本意上两者都呈现一个现代主义的轻盈玻璃盒子，两者都强调"层"而非"体"的概念。但由于两者的操作手法不同，呈现效果也非常不同。范斯沃斯住宅中的角柱是巧妙避开了体块转角位置的，增加了室内空间的通透性。同时，设计中柱子是贴在楼板之外的，很好地表达了柱子与楼板的"脱开"。建筑底部的架空，使得底板与地面"脱开"。设计中"层"的语言被强调，整个建筑非常轻盈通透。

　　而约翰逊的玻璃屋的处理则非常不同，其角柱被放置在整个体量转角处，底层也没有架空，竖向围合与楼板没有被区分开来。整个设计更多展现出来的是一个有三维体积的"盒子"，而不是漂浮的"层"。所以即使整个玻璃屋是使用了玻璃围合，其最终的呈现成果相对于范斯沃斯住宅来说，却没有那么轻盈通透。

[范斯沃斯住宅]

Farnsworth House

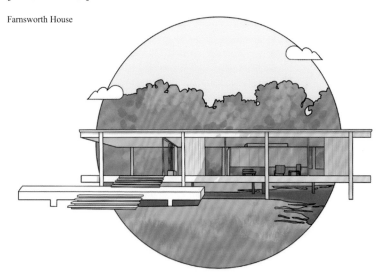

[玻璃屋]

The Glass House

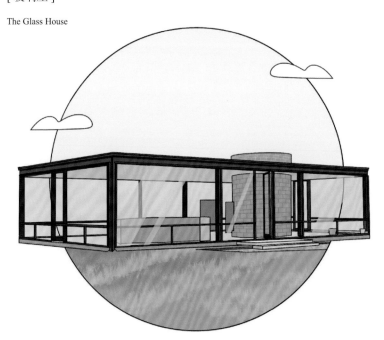

上：图 4-52　范斯沃斯住宅，密斯·凡·德·罗（二）

下：图 4-53　玻璃屋，菲利普·约翰逊（二）

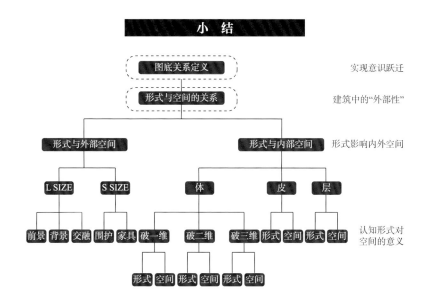

设计师设计的是"形式"，而最终被使用的是"空间"。形式与空间在设计中相互依存与影响。本章从二维图形中的图底关系开始，循序渐进地讲解三维空间不同尺度下形式与内外空间的关系。帮助大家理解不同尺度下形式与外部空间的图底关系，理解形式的完整性对内部空间围合感的影响。

设计师应该意识到，每一笔形式都在定义形式本身的同时界定了形式的空间。这意味着建筑设计不仅要考虑设计造型本身，同时还要了解图形对内外空间的影响。这也是建筑设计作为三维艺术的难点与魅力。

章节阅读打卡

印象深刻的地方（感想）：

想要提问的问题：

参考文献

[1] 弗朗西斯·D. K. 钦. 建筑：形式·空间和秩序[M]. 邹德侬，方千里，译. 北京：中国建筑工业出版社，1987.

[2] 托伯特·哈姆林. 建筑形式美的原则[M]. 邹德侬，译. 北京：中国建筑工业出版社，1982.

[3] 大卫·A. 劳尔，史蒂芬·潘塔克. 设计基础[M]. 范雨萌，王柳润，译. 长沙：湖南美术出版社，2015.

[4] 罗文媛，赵明耀. 建筑形式语言[M]. 北京：中国建筑工业出版社，2001.

[5] 鲁道夫·阿恩海姆. 艺术与视知觉[M]. 滕守尧，译. 北京：中国社会科学出版社，1984.

[6] 鲁道夫·阿恩海姆. 视觉思维[M]. 滕守尧，译. 北京：光明日报出版社，1986.

[7] 瓦西里·康定斯基. 点·线·面[M]. 余敏玲，邓扬舟，译. 重庆：重庆大学出版社，2011.

[8] 顾大庆. 设计与视知觉[M]. 北京：中国建筑工业出版社，2002.

写在最后

在电影《黑客帝国》中，当男主角尼奥（Neo）吃下红色药丸后，他看到了他所处的虚拟世界的构成本质——一行行的数字代码。成为一个"醒来的人"之后，他可以自由地改变世界的运行规律，做一些"超人"的行为。对于我们设计师也是一样，我们应该拥有看到具体功能背后的抽象的形式语言的能力，站在更高的视角去理解我们的设计对象，才能成为一名能"操控"形式，从而创作"美"的设计师。

回顾我在学习过程中对于"形式"的认知过程，可以借用中国禅语中提到的"人生三境界"来概括。

第一重境界是"看山是山，看水是水"，每当我捧起一些入门书籍想要认真学习甚至抄绘时，总会陷入"左眼进，右眼出"的情况，看到第一个形式，觉得自己明白了，再看第二个、第三个形式时，又把第一个形式忘了，这其中的原因大约是缺乏图形抽象能力，而我们大脑也无法去记忆复杂的图形。最终得到的结果是"书是书，我是我"。

第二重境界是"看山不是山，看水不是水"。当一次次对于形式语言的学习失败后，我也开始质疑为什么这些知识总被前辈奉为瑰宝，这些知识到底在设计中有什么用？而这带来的结果是，没有掌握这个能力的我在做设计时总是容易关注很多小细节，缺乏对设计的宏观把控。这也是缺乏图形抽象能力的人在做设计时的典型表现。

第三重境界是"看山还是山，看水还是水"。当逐渐开始潜移默化地学会用形式的逻辑思考问题后，才发现即使建筑包含了功能、材料、结构、社会、经济、文化等各方面复杂因素，形式都是这一切复杂内容的最终载体，形式会统合设计师对于各方面因素的思考，形式语言是帮助我们梳理、整合复杂关系的重要工具。

当然，我想我会在未来的进一步成长中不断重复第二重与第三重境界，也会对设计中除形式外的重要部分有更深刻的理解。这里我想